龙芯CPU产品 ➡

Big CPU 桌面/服务器类	**Middle CPU** 终端/工控类	**Small CPU** 专用类

2015年之前

Big CPU:

65nm,1GHz
4 GS464 core
16GFLOPS

LS3A1000

32nm,1.2GHz
8 GS464v core
150GFLOPS

LS3B1500

40nm,1.0GHz
(800MHz)
4 GS464E core

LS3A/B2000
(LS3A1500-I)

Middle CPU:

90nm,800MHz
GS464 core

LS2F0800

65nm,1GHz
GS464 Core,
SoC & NB/SB

LS2H1000

65nm,800MHz
GS464 core
LS2I0800

Small CPU:

LS1A0300

LS1B0200

LS1C0300

LS1D MCU

2016

28nm, 1.5GHz
4 GS464E core

LS3A/B3000

LS1H MCU

2017

40nm,
3A配套桥片

LS7A1000

40nm,1.0GHz
2 GS264 core

LS2K1000

U0383244

2018

LS1C101

2019

28nm, 2.0GHz
4 GS464V core

LS3A4000/3B4000

LS1A0500

2020

28nm,
3A配套桥片

LS7A2000

12nm,2.5GHz
4/16 GS464V core

LS3A5000/
LS3C5000

28nm,2.0GHz
2 GS264 core

LS2K2000

1D6
Application specific
embedded SoCs

教育推广计划 ➡

■ **龙芯高校计划：以培养计算机的系统能力为目标，教大学生如何造计算机而不是简单用计算机**

龙芯高校开源计划2.0
    提升开源 CPU IP 核的易用度
    开源 IP 核开发指导
    丰富开源 CPU IP 核的系列化
    开源 IP 核持续升级
    拓展开源 CPU IP 核的应用面
科研、产品开发合作、龙芯联合实验室
技术培训、论坛、合作课程、实验手册、教学改革
龙芯—教育部产学合作协同育人项目

"龙芯杯"全国大学生计算机系统能力培养大赛

■ **龙芯普教计划：基于龙芯处理器，开展了广泛的中小学信息化教育应用**

基于龙芯的教育电脑
基于龙芯的电子白板
龙芯版极域电子教室软件
龙芯版教学软件
省信息技术课教材（龙芯版）
龙芯 Steam 创客套件及教材
龙芯 Steam 教育实施方案
龙芯科技创新人才培养教育计划

生态培训计划 ➡

龙芯公司以人才培养作为生态建设的重点战略工作。为了满足产业大量出现的培训需求，龙芯公司建立生态培训体系，涵盖龙芯产品体系介绍、市场推广案例、产业链厂商介绍、编程开发环境、应用迁移问题与经验。

针对不同的群体受众，培训分为两个主题：（1）用户培训，面向龙芯电脑使用人员，培训内容主要是一般性的日常操作和使用方法。（2）技术培训，面向应用软件开发商、业务系统开发商、集成商、操作系统厂商、运维厂商、信息化用户单位，培训内容主要是在龙芯电脑上进行软件开发的方法，以及龙芯电脑的运营维护。龙芯公司率先提出"应用迁移"培训理念，从 2018 年至今，"龙芯应用迁移培训班"已举办 4 届，培训学员上千人。

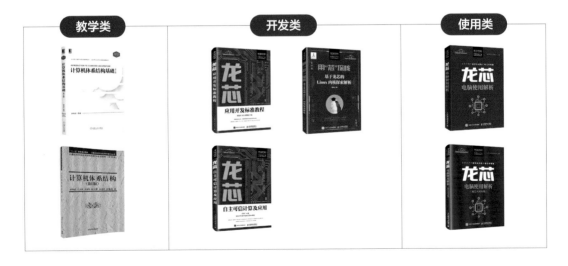

LOONGSON 龙芯

龙芯中科技术有限公司 / 编著

龙芯

电脑使用解析

（统信 UOS 版）

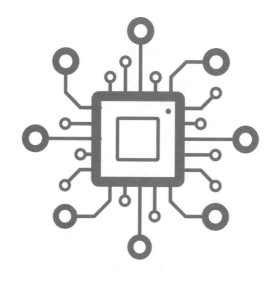

人民邮电出版社

北京

图书在版编目（CIP）数据

龙芯电脑使用解析 ：统信UOS版 / 龙芯中科技术有
限公司编著. -- 北京 ：人民邮电出版社，2020.9
（中国自主产权芯片技术与应用丛书）
ISBN 978-7-115-54074-4

Ⅰ．①龙… Ⅱ．①龙… Ⅲ．①操作系统－基本知识
Ⅳ．①TP316

中国版本图书馆CIP数据核字(2020)第086941号

内 容 提 要

本书全面讲述基于统信桌面操作系统（统信 UOS）的龙芯电脑的使用方法。全书分为三篇，共
12 章。第一篇介绍了龙芯电脑的相关知识，龙芯电脑操作系统和统信操作系统；第二篇介绍了在日
常及办公场景下龙芯电脑常见功能的详细使用方法，包括龙芯电脑桌面入门，应用商店管理，文件
和目录管理，内容的输入、编辑和输出，上网，常用应用等；第三篇介绍了龙芯电脑配置和管理，
包括系统环境监控、系统配置和管理、统信 UOS 安装等。

本书面向龙芯电脑用户，以实用操作讲解为主，旨在帮助读者快速上手龙芯电脑。

◆ 编　　著　龙芯中科技术有限公司
　　责任编辑　俞　彬
　　责任印制　王　郁　马振武
◆ 人民邮电出版社出版发行　　北京市丰台区成寿寺路 11 号
　　邮编　100164　　电子邮件　315@ptpress.com.cn
　　网址　https://www.ptpress.com.cn
　　大厂回族自治县聚鑫印刷有限责任公司印刷
◆ 开本：787×1092　1/16
　　印张：13　　　　　　　　　　　彩插：2
　　字数：298 千字　　　　　　　　2020 年 9 月第 1 版
　　印数：1 – 3 000 册　　　　　　 2020 年 9 月河北第 1 次印刷

定价：59.00 元

读者服务热线：(010)81055410　印装质量热线：(010)81055316
反盗版热线：(010)81055315
广告经营许可证：京东市监广登字 20170147 号

本书使用龙芯 3A4000 电脑编写。

《龙芯电脑使用解析（统信 UOS 版）》编委会

主 编

靳国杰

审 定

张 戈 胡伟武 刘闻欢

编写组

郭同彬

吴清玲

秦 娣

何 鑫

前言

龙芯是中国人自主设计的 CPU，是中国计算机科研成果推广到市场的重要产品。采用龙芯 CPU 的电脑（简称"龙芯电脑"）已经在信息化领域中大量使用，未来将广泛应用于各行各业。

龙芯电脑的操作系统不是 Windows，而是基于 Linux 发展出来的一款安全操作系统，因此在界面设计、使用习惯、配置方法等方面都和 Windows 电脑有区别。为了帮助龙芯电脑的用户快速学习龙芯电脑的使用方法，掌握龙芯电脑的操作，我们根据广大读者的需求，在多位电脑高手、办公应用专家的指导下，归纳龙芯电脑在用户试点的使用过程中反馈的问题，精心编写了本书。

龙芯电脑支持多种操作系统，本书以使用量大、较具代表性的统信桌面操作系统为例进行讲解。本书主要具有以下 3 个特色。

1. 本书全面讲述龙芯电脑的使用方法。龙芯电脑在实际工作场景中的核心功能都会在本书中介绍，内容全面，丰富实用。本书首先介绍了龙芯电脑的基本情况，包括龙芯产品简述、龙芯电脑产品线、龙芯电脑系统与 Windows 系统的区别、统信操作系统等。对于龙芯电脑的使用，详细介绍了龙芯电脑桌面入门、应用商店、文件和目录、内容的输入和编辑、上网、常用应用、系统环境监控等。可以看到，本书所讲述的龙芯电脑应用操作已经非常丰富实用，足以解决用户在日常工作中的大部分使用需求。

2. 本书涵盖了来源于龙芯应用实践中的大量细节经验。龙芯电脑已经有几年的推广历史，本书收录了在推广过程中用户反馈的主要问题，并针对这些问题做出了详细的解答。有些功能虽然使用频率较低，但是对用户来说是非常必要的。如在龙芯电脑与 Windows 电脑之间共享传输文件，在龙芯电脑与手机之间传输文件，打印机与扫描仪的配置，操作系统在线升级等。类似的例子在书中比比皆是。

3. 图文结合，易于上手。本书全面模拟真实的工作环境，以实用操作为主介绍功能操作。在每一个操作步骤中，都配有详细的界面截图和文字讲解，将读者在学习过程中遇到的常见问题及解决方法都充分融入到讲解中，以便读者轻松上手，快速学习解决各种疑难问题的方法，从而能够学以致用。

本书作为"中国自主产权芯片技术与应用"丛书之一，旨在为用户提供电脑使用指南，使电脑用户从使用多年的 Windows 系统切换到龙芯电脑上来。由于时间仓促，书中难免有疏漏和不妥之处，恳请广大读者批评指正。

龙芯中科技术有限公司微信公众号　　　　统信软件技术有限公司微信公众号

CONTENTS
目 录

第三篇　龙芯电脑配置和管理

10
系统环境监控

第11章

系统配置和管理

第12章

统信 UOS 安装

第 一 篇

初识龙芯电脑

第**01**章

龙芯电脑简介

龙芯电脑是一款基于国产龙芯 CPU 的通用型电脑，电脑上有非常丰富的应用，能够满足日常办公、上网、媒体、娱乐等需求。本章主要介绍龙芯电脑的发展历史和产品情况。

1.1 龙芯产品简述

龙芯电脑用的是中国人自己设计的 CPU（Central Processing Unit，中央处理器）。CPU 是电脑最重要的核心电路，是整个电脑的"神经中枢"，电脑中的其他部件都在 CPU 的"指挥"下工作。龙芯（图 1-1）到现在为止已有近 20 年的历史，最初是由中国科学院计算技术研究所发起的一项科研工作，由于研制的多代产品达到了实用化水平，可以满足信息化、工业控制等大量领域的应用需求，从 2010 年开始以市场化运作的公司（龙芯中科）进行产品和市场推广。

龙芯 CPU 产品线按照性能从低到高排列包括"龙芯 1 号""龙芯 2 号""龙芯 3 号"这 3 个系列，其中龙芯 3 号系列面向桌面信息化应用。目前最新款产品是龙芯 3A4000，其主频为 2.0GHz，单芯片最高 4 核，高配置的整机（一台计算机）CPU 核数可多于 16 核，能够充分满足日常办公和娱乐需求。

图 1-1

1.2 龙芯电脑产品线

龙芯电脑相关的产品系列非常丰富，包括台式机、笔记本电脑、一体机、云终端等，产品如图 1-2 所示。一体机和台式机相比，省去了机箱的空间，在使用方法上和台式机基本相同。龙芯品牌的整机支持统信、红旗、思睿等国内主流操作系统，下面主要介绍台式机和笔记本电脑。

台式机　　　　　　　　　笔记本电脑　　　　　　一体机　　　　　　　云终端

图 1-2

1.3 台式机

1. 产品说明

龙芯台式机在外观上主要由机箱、显示器、键盘、鼠标组成，在机箱上提供多种对外接口，主要是在办公室、家庭等场所使用。龙芯的生产厂商众多，不同厂商提供的机箱的外观都不一样，但是在功能上基本相同。本节以使用较多的一种机箱为例来说明机箱的配置信息，具体信息以整机品牌厂商提供的详细配置信息为准。

2. 面板接口开关介绍

龙芯台式机的接口分别从前后面板引出，前面板接口及按键布局如图 1-3 所示。前面板包括开机 / 电源指示灯、复位按钮、硬盘指示灯、4 个 USB 接口和 1 组音频接口。

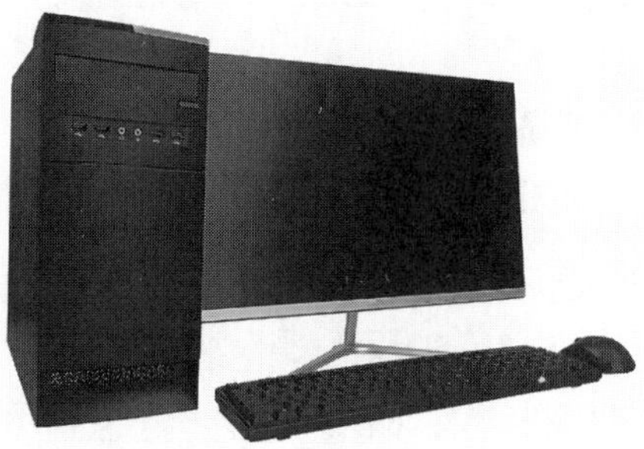

图 1-3

3. 连接介绍

龙芯台式机在工作时需要外接显示器、鼠标、键盘等，其中鼠标、键盘可以使用 USB 接口或 PS/2 接口，连接如图 1-4 所示。

4. 设备组成

台式机由主板、电源、硬盘和显卡等模块组成，主机接口如图 1-5 所示。产品的具体参数说明如表 1-1 所示。

显示器
龙芯台式机
USB 接口或 PS/2 接口

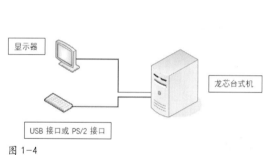

图 1-4

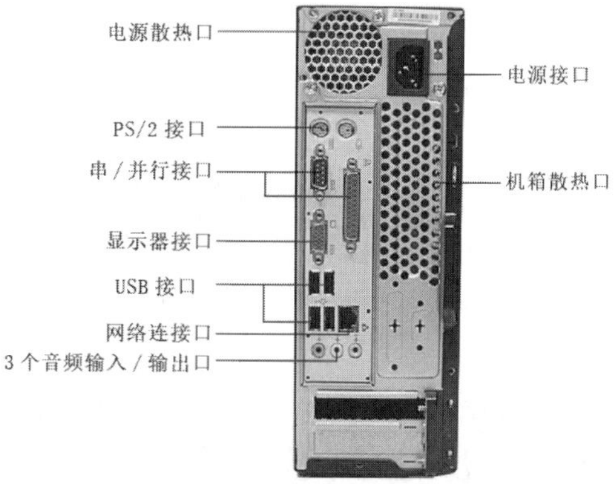

电源散热口
电源接口
PS/2 接口
串 / 并行接口
机箱散热口
显示器接口
USB 接口
网络连接口
3 个音频输入 / 输出口

图 1-5

表 1-1

	类型	品牌 / 型号	规格	备注
硬件	主板	龙芯主板	龙芯 3A4000 处理器	
	机箱		立式机箱	
	电源	机箱电源	功率：≥ 200W	
	散热板		定位孔位置：59mm × 59mm 定孔大小及数量：4 × M3	安装于主板上
	内存条		DDR3 内存	
	硬盘		SATA 接口硬盘	
	DVD 刻录光驱		内置 DBD 刻录光驱 SATA 接口	
	独立显卡	HD8470	显存容量：≥ 1GB 支持双屏显示	

1.4 笔记本电脑

1. 产品说明

笔记本电脑因为体积小，可以随身携带，非常适合移动办公。笔记本电脑可以使用自带电池供电，采用 LED 背光的液晶显示屏，还内置了触摸板，用手指在触摸板表面移动或单击可以实现鼠标能实现的功能，如图 1-6 所示。

不同笔记本电脑的外观可能不同，但是在功能上基本类似，本节以某款笔记本电脑为例来说明笔记本电脑的配置信息。该信息仅供参考，具体信息以整机品牌厂商提供的详细配置为准。

2. 设备组成

笔记本电脑由硬盘、电源和显卡等模块组成，配置如图 1-7 所示。

笔记本电脑的具体参数说明如表 1-2 所示。

图 1-6

电源状态指示灯　电源插孔　网线接口　　USB 接口

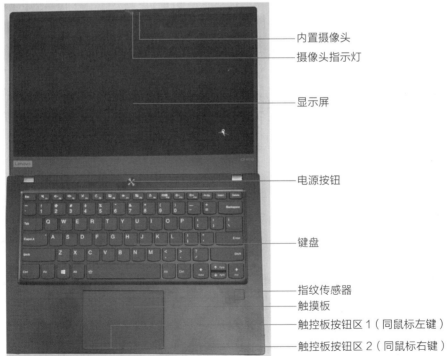

内置摄像头
摄像头指示灯
显示屏
电源按钮
键盘
指纹传感器
触摸板
触控板按钮区 1（同鼠标左键）
触控板按钮区 2（同鼠标右键）

图 1-7

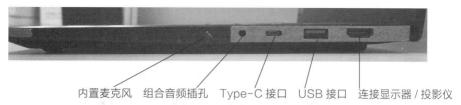

内置麦克风　组合音频插孔　Type-C 接口　USB 接口　连接显示器 / 投影仪

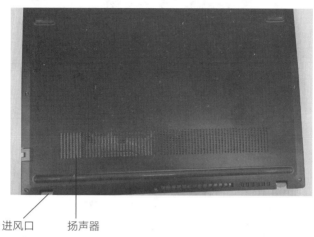

进风口　扬声器

图 1-7（续）

表 1-2

配置	参数说明
CPU	龙芯 3A4000 处理器，4 核，主频 1.5GHz
硬盘	256GB SSD
内存	8GB DDR4
显示	独立显卡，显存 1GB
屏幕	15.6 寸（约 40cm）细边框 LED 屏幕，最佳分辨率 1920×1080
键盘和输入	85 键巧克力键盘，电容型触摸板
摄像头	720P PC Camera
对外接口	2 个 USB 3.0 接口，2 个 USB 2.0 接口，1 个立体声耳机和麦克风 Combo 插孔，1 个显示接口，1 个 10/100/1000M 以太网 RJ-45，1 个安全锁孔
整机规格电池	长寿命锂离子电池（11.4V，典型容量 6.5Ah）；交流适配器：输入 AC 100V–240V 50/60Hz，输出 DC 19V 4.74A
整机重量	≤ 2kg
整机大小	357mm× 239mm×21mm

　　笔记本电脑使用两种电源（外接电源、内置电池），左侧的电源指示灯可以显示电源的工作状态，不同指示灯状态表示的含义不同，如表 1-3 所示。

表 1-3

指示灯状态	充电状态
常亮	电池充满 / 正在充电
闪烁	电量小于 5%

第 **02** 章

龙芯电脑的操作系统

龙芯电脑运行的操作系统基于开源 Linux。Linux 是一种开放源代码的操作系统，任何人都可以基于 Linux 开发出自己的操作系统。

主要内容

操作系统概述

龙芯操作系统生态

龙芯操作系统与 Windows 操作系统的区别

2.1 操作系统概述

操作系统（Operating System，OS）是管理和控制电脑硬件与软件资源的电脑程序，是直接运行在"裸机"上的最基本的系统软件。操作系统是电脑系统的内核与基石，任何其他软件都必须在操作系统的支持下才能运行。操作系统是用户和电脑的接口，同时也是电脑硬件和其他软件的接口。操作系统的功能包括管理电脑系统的硬件、软件及数据资源，控制程序运行，改善人机界面，为其他应用软件提供支持，让电脑系统所有资源最大限度地发挥作用，提供各种形式的用户界面，使用户有一个好的工作环境，为其他软件的开发提供必要的服务和相应的接口等。

实际上，用户是不用接触操作系统的，通常接触的是操作系统提供的图形界面，常见的电脑端操作系统包括 Windows 和 Linux，常见的手机端操作系统包括 iOS 和 Android。

2.2 龙芯操作系统生态

龙芯公司在操作系统生态建设方面仿照 Android 的模式。在 Android 的模式中，Google 做好 Android 的官方基础版本，各手机厂商根据 Android 进行定制改造，衍生出各品牌手机预装的操作系统。

在龙芯的操作系统生态中，龙芯公司维护的是一套社区版操作系统，叫作 Loongnix。Loongnix 集成了龙芯公司在核心基础软件方面的所有优化成果，并且免费发布、开放所有源代码。在 Loongnix 基础上衍生出的其他商业品牌操作系统。这些商业品牌操作系统虽然在界面风格、服务支持方面各有特色，但是在底层其实都是基于相同的 Loongnix，如图 2-1 所示。

龙芯电脑用户可以使用 Loongnix，也可以使用其他商业品牌操作系统。目前常用的商业品牌操作系统包括统信操作系统、中兴新支点、思普、凝思、CETC、红旗等，本书以统信桌面操作系统（统信 UOS）为例进行讲解，其他操作系统与统信 UOS 操作系统使用方法类似，用户在学完本书后可以很容易上手其他操作系统。

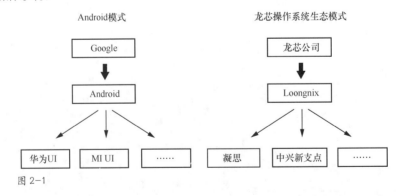

图 2-1

2.3 龙芯操作系统与 Windows 操作系统的区别

1. 龙芯电脑的 CPU 不同于 Intel 和 AMD

Intel 设计和生产了基于 X86 指令集的 CPU，最早是从 8086/80286/80386/80486/80586 开始的，后来改换成奔腾、赛扬、酷睿、凌动、至强等名称，它们都运行相同的指令集，在功能上是"相同的"。后来 Intel 把 X86 授权给 AMD、威盛等厂商，这些拿到授权的厂商也可以设计和生产与 X86 相兼容的 CPU，在本质上都属于和 Intel 同类的 CPU，所生产的电脑可以统称为"X86 电脑"，也就是传统的个人电脑。市场上大部分整机都属于 X86 系列电脑。而龙芯 CPU 采用的是基于 MIPS 指令集发展而来的 LoongISA 指令集，与 X86 系列的 CPU 不同，所以龙芯电脑和 X86 电脑是"不同"的电脑。

指令集只是对软件所包含的指令的一种编码格式，对 CPU 的性能和功耗没有直接决定关系，只要 CPU 设计得足够精简高效，龙芯 CPU 可以像 X86 一样以很低的功耗实现很高的性能。

2．龙芯电脑无法运行 Windows 操作系统

因为 Windows 操作系统是专门针对 X86 的 CPU 进行设计的，所以 Windows 操作系统只能在"X86 兼容"的电脑上运行，不能在龙芯电脑上运行。Windows 操作系统是微软公司的产品，是世界范围内个人电脑上运行最多的操作系统，而微软公司没有把 Windows 向龙芯上移植，所以不存在"Windows for 龙芯"的版本。那么龙芯电脑能够运行什么操作系统呢？答案是 Linux。Linux 是一种开源的操作系统，所有源代码都在网络社区上公开下载，经过龙芯的工程师移植后可以在龙芯电脑上运行。所以使用龙芯电脑，实际上就是使用 Linux 操作系统。龙芯电脑上运行的 Linux 操作系统有一个专门的名称"龙芯桌面系统"，本书讲述的就是如何使用龙芯桌面系统——统信 UOS。

3．龙芯电脑可以使用 X86 电脑的大部分外设硬件

龙芯电脑的机箱、显示器、键盘、鼠标和 X86 电脑都是通用的，从外观上无法区分是龙芯电脑还是 X86 电脑。只有在拆开机箱，看到 CPU 表面上的标识之后才能确定这是一台龙芯电脑。市面上能够购买的大多数电脑硬件外设都能够在龙芯电脑上使用，如硬盘、显卡、网卡、声卡、内存条、电源、音箱等。用户在 X86 电脑上 DIY（Do it yourself，指单独购买电脑配件组装成电脑整机）的经验都能够用到龙芯电脑上。

4．龙芯电脑"更安全"

龙芯电脑运行的操作系统根源于 Linux，这是开源社区的几千名顶级程序员共同开发的操作系统，相比 Windows 系统，它的漏洞更少，更加安全。Linux 还提供了多用户的分级保护机制，在日常的办公处理中使用的都是一个权限较低的"普通用户"身份，只有在进行软件安装、系统维护等工作时，才临时使用级别更高的"管理员"身份，这也大大降低了系统出故障的概率。龙芯电脑在日常使用中几乎不需要安装防病毒软件，也不容易受到网上的钓鱼、木马、广告等恶意软件的侵扰，开机之后就是干净的桌面环境，适合办公、开发、设计等，是一个真正意义上的"生产力工具"。

龙芯电脑的高安全性非常适合在企业中应用。有一个典型的案例：在 2018 年 4 月的一天，某市政府热线中心的所有 Windows 电脑全部因感染勒索病毒而停止工作，热线服务面临瘫痪的危险，当时只有 3 台龙芯电脑不受病毒的影响，支撑了热线服务的正常运营，避免了一场事故。

龙芯电脑因有上述优点，受到电脑厂家的广泛支持，目前有很多知名电脑厂家已经实现批量化生产。在软件方面，龙芯公司与办公软件、中间件、数据库等相关领域的数十个国内领先的厂家磨合多年，形成了比较完整的软件生态环境，包括商正信通、新点、正盟、泛微、榕基、大连华天、明动、云玺、双杨、烽火集成、东软、致远、和信、中创、仁和诚信、银信等公司，尤其是面向办公自动化（Office Automation，OA）等各种信息化应用已经呈现面上铺开的势头。

第 **03** 章

统信操作系统介绍

统信操作系统是统信软件技术有限公司打造的一款国产操作系统，同时是一款基于 Debian 的 Linux 操作系统，是我国最活跃的 Linux 发行版之一。

主要内容

统信软件公司介绍

统信软件产品线

统信桌面操作系统

为什么选择 Linux

3.1 统信软件公司介绍

统信软件技术有限公司（简称统信软件）于 2019 年成立，由国内多家长期从事操作系统研发的核心企业整合后组成，包括武汉深之度科技有限公司、诚迈科技等。公司专注于操作系统等基础软件的研发与服务，如图 3-1 所示。

图 3-1

统信软件基于 Linux 内核研发了多种操作系统，为用户提供安全可靠、美观易用的操作系统与开源解决方案。统信软件在信创领域具备优异的产品研发能力与售后服务支持能力，可以向行业用户提供全面的操作系统相关的解决方案、技术支持和培训咨询等服务。

统信软件作为国内顶尖的 Linux 研发团队，拥有操作系统研发、行业定制、国际化、迁移和适配、交互设计、咨询服务等多方面专业人才，能够满足不同用户和应用场景对操作系统产品的广泛需求。

除了龙芯公司外，目前统信软件已经和飞腾、鲲鹏、申威、兆芯、海光等芯片厂商展开了深入的合作，与国内各主流整机厂商，以及 360、金蝶天燕、达梦数据库等数百家软件厂商展开了全方位的兼容性适配工作，共同发展和建设新的软硬件技术生态。

3.2 统信软件产品线

统信软件研发了基于 Linux 内核的多种操作系统产品，即统信操作系统，包括统信桌面操作系统、统信服务器操作系统和统信专用设备操作系统，如图 3-2 所示。

统信桌面操作系统　　统信服务器操作系统　　统信专用设备操作系统

图 3-2

统信桌面操作系统包含桌面环境（DDE）、40 余款原创应用以及数款来自开源社区的应用软件，能够满足用户日常办公需求和娱乐需求。

统信服务器操作系统以服务器支撑服务场景为主，面向用户的业务平台提供标准化服务、虚拟化、云计算支撑，同时满足未来业务拓展和容灾需求的高可用和分布式支撑。

3.3 统信桌面操作系统

统信桌面操作系统（统信 UOS）是基于 Linux 内核，以桌面应用为主的美观、易用、安全、稳定的操作系统，专注于为使用者在日常办公、学习和娱乐生活中提供极致的操作体验。该操作系统适合笔记本电脑、台式机和一体机，如图 3-3 所示。

统信 UOS 基于开源内核构建，自主开发图形环境。统信 UOS 拥有自主研发的桌面环境和独创的控制中心系统管理界面，风格简洁大方，符合用户的操作习惯。

统信 UOS 中提供了 40 余款原创应用，如应用商店、语音助手、安全中心、音乐、影院、相册、联系人、文件管理器等，基于 DeepinWine

图 3-3

技术，还可以运行大量的 Windows 平台软件。在外接设备上，统信 UOS 可适配各类主流打印机、扫描仪、摄像头及投影仪等常见设备，可满足日常办公及金融行业终端需求。通过对硬件外设的适配支持，对桌面应用的开发、移植和优化，以及对应用场景解决方案的构建，统信 UOS 能够满足项目支撑、平台应用、应用开发和系统定制的需求。

在安全方面，统信 UOS 拥有内置防火墙、多等级权限控制等安全机制，定期面向全球的安全补丁，升级体系，同时获得了工信部测试认证，符合安全可靠环境电子公文要求。

3.4 为什么选择 Linux

统信 UOS 选择基于 Linux 开发操作系统而不选择开发一个全新的操作系统，是因为开发操作系统是一项异常庞大的工程，仅 Linux 内核就有近 30 年的开发历史。

20 世纪 90 年代末，Linux 操作系统变得越来越流行，并且跻身于那些有名的商用 UNIX 操作系统之列，这些 UNIX 操作系统系列如 AT&T 公司（现在由 SCO 公司拥有）开发出的 SVR4（System V Release 4）、加利福尼亚大学伯克利分校发布的 BSD、IBM 公司的 AIX、HP 公司的 HP-UX、Sun 公司的 Solaris 以及 Apple 公司的 Mac OS X 等。1991 年，Linus Torvalds 开发出最初的 Linux，这个操作系统适用于基于 Intel 80386 微处理器的 IBM PC 兼容机。经过多年的发展，Linux 已经可以在许多其他平台上运行，包括 Alpha、Itanium（IA64）、MIPS、ARM、SPARC、MC680x0、PowerPC 以及 zSeries。

Linux 拥有很多优点，最吸引人的就在于它是一个自由的操作系统：它的源代码基于 GNU 公共许可证（GNU Public License，GPL），是开放的，任何人都可以获得源代码并研究这个成功而又现代的操作系统。Linux 提倡"自由、开源、共享、人人为我，我为人人"。在 GPL 的号召下，全世界的 Linux 开发者组成了一个虚拟的开源社区。尽管大家分布在世界各地，但是可以通过源代码和互联网进行高效的无障碍交流。大家既从开源社区获取资源，也把自己的贡献回馈给开源社区。大批程序员不断地向 Linux 社区提供代码，使得 Linux 有着异常丰富的设备驱动资源，对主流硬件的支持极好，而且几乎能运行在所有流行的处理器上。在安全方面，Linux 采取了很多安全技术措施，包括读写权限控制、带保护的子系统、核心授权等，为用户提供了安全保障。实际上有很多运行 Linux 的服务器可以持续运行数年而无须重启，依然可以性能良好地提供服务，其安全稳定性已经在各个领域得到了广泛的证实。

正是因为 Linux 操作系统的这些优点，所以基于 Linux 开发的操作系统几乎统治了从移动设备到主机的全部领域，用户所熟知的 Android 操作系统就是基于 Linux 内核开发的。

因为操作系统工程本身的庞大，以及 Linux 的开放性和强大的开发团体，所以没有必要创造一个全新的操作系统内核，Linux 内核就是当下开发操作系统时最好的选择。完全可以将 Linux 内核作为统信 UOS 的核心，而无须开发新的操作系统内核。

第 二 篇

龙芯电脑使用

第 **04** 章

龙芯电脑桌面入门

龙芯电脑统信 UOS 版（简称统信 UOS）预装了文件管理器、应用商店、看图、影院等一系列本地应用。使用统信 UOS 既能满足日常工作需要，也能满足丰富多彩的娱乐生活需求。

初次进入统信 UOS，系统会自动打开欢迎程序  。通过观看视频可以了解系统功能，然后选择桌面样式、运行模式和图标主题，开启窗口特效，进一步了解该系统，如图 4-1 所示。

成功登录系统后，即可体验统信 UOS 桌面环境。桌面环境主要由桌面、任务栏、启动器、控制中心和窗口管理器等组成，如图 4-2 所示。

图 4-1

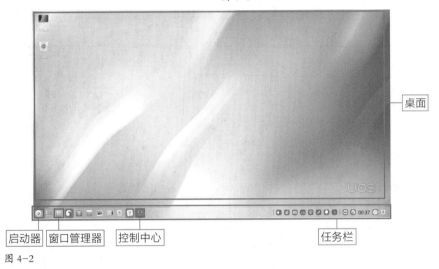

图 4-2

4.1 桌面区域

桌面是登录统信 UOS 后看到的主屏幕区域，可以看到计算机、回收站等已安装的应用。在使用统信 UOS 过程中，大部分操作都是在桌面上进行的，如可以新建文件夹 / 文档、排列文件、设置显示屏、设置壁纸和屏保等。

4.1.1 新建文件夹 / 文档

在桌面空白处可以通过单击鼠标右键新建文件夹或文件（文档），在文件夹或文件上单击鼠标右键还可以进行打开、复制、删除等操作，相关功能如表 4-1 所示。

表 4-1

功能	说明	在文件夹或文件上单击鼠标右键	在空白处单击鼠标右键
打开方式	选定系统默认打开方式，也可以选择其他关联应用程序打开	√	
剪切	移动文件或文件夹	√	

功能	说明	在文件夹或文件上单击鼠标右键	在空白处单击鼠标右键
复制	复制文件或文件夹	√	
重命名	重命名文件或文件夹	√	
删除	删除文件或文件夹	√	
创建链接	创建一个快捷方式	√	
标记信息	添加标记信息，以对文件或文件夹进行标签化管理	√	
压缩/解压缩	压缩文件或文件夹，或对压缩文件进行解压	√	
属性	查看文件或文件夹的基本信息，共享方式，及其权限	√	
新建文件夹	新建一个文件夹		√
新建文档	新建一个办公文档、电子表格、演示文档或文本文档		√
排序方式	将桌面图标按照名称、修改时间、大小、类型进行排序		√
图标大小	修改桌面图标显示大小		√
自动整理	一键将桌面图标按照文件类型归类到文件夹中		√
自动排列	桌面上的图标按当前规则自动排列		√
粘贴	粘贴剪切或复制的文件或文件夹		√
全选	将桌面图标全选		√
在终端中打开	可以在打开的界面上键入或执行基于文本的命令		√
显示设置	跳转到控制中心显示设置界面		√
壁纸与屏保	设置桌面壁纸和屏保		√

4.1.2 设置排列方式

如果在桌面上创建了很多文件或文件夹，看起来就会比较杂乱，找文件也不是很方便，这时可以对桌面上的图标进行排序。

在桌面空白处单击鼠标右键，选择"排序方式"，可以将图标按照名称、修改时间、大小或类型进行排序，若按照"类型"进行排序，如图 4-3 所示。

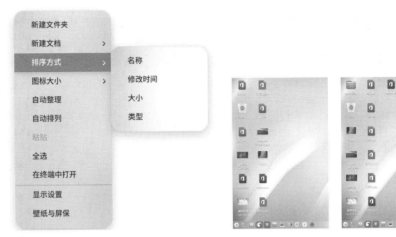

图 4-3

> **提示：**
> 在桌面空白处单击鼠标右键，勾选"自动排列"，桌面图标将从上往下、从左往右按照当前排序规则排列，如果桌面上某个图标被删除时，后面的图标会自动向前填充。

4.1.3　自动整理文件

除了按照一定的排序方式对文件进行排序外，还可以通过自动整理一键将桌面上的文件按照不同的类型自动归类。

在桌面空白处单击鼠标右键，勾选"自动整理"，桌面上的文件和文件夹将自动按照图片、音乐、视频、应用、文档、其他这几个类型归类到相应的文件夹中，如图 4-4 所示。

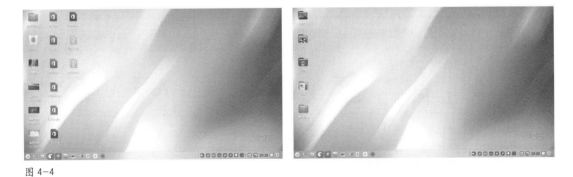

图 4-4

4.1.4　调整图标大小

如果觉得桌面上的图标过大或过小，可以在桌面空白处单击鼠标右键，选择"图标大小"，图标大小可设置为极小、小、中、大或极大，若"极小"和"极大"进行对比，如图 4-5 所示。

> **提示：**
> 按快捷键"Ctrl 键 + +/-"或按住"Ctrl 键 + 鼠标滚轮"可以快速调整桌面和启动器中图标的大小。

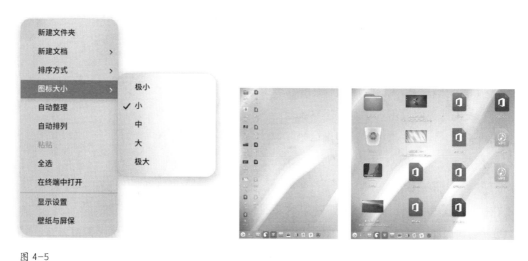

图 4-5

4.1.5　设置显示屏

在桌面空白处单击鼠标右键，选择"显示设置"可以快速进入控制中心显示设置界面，如图 4-6 所示。

1. 单屏设置

如果显示屏为单屏，在显示设置界面可以更改分辨率、调节亮度、设置屏幕缩放、设置屏幕刷新率和改变屏幕方向，让电脑显示达到最佳状态。

（1）更改分辨率

如果显示屏的画面质量比较低，看起来不是很清楚，这时就需要更改分辨率，提高显示屏的画面质量，获得更好的使用体验。

选择分辨率后屏幕会显示设置后的效果，并弹出提示框，可以选择"还原"或"保存"，如图 4-7 所示。

图 4-6　　　　　　　　　　　　　　　　　　图 4-7

（2）调节亮度

在显示设置界面选择"亮度"可以进入亮度设置界面，用户可以根据使用环境的明暗拖动亮度条滑块，调节显示屏显示的亮度，还可以打开"自动调节色温"和"自动调节亮度"（仅支持有光线传感器的设备）功能，让系统自动调节屏幕亮度，从而获得更好的使用体验，如图 4-8 所示。

（3）设置屏幕缩放

图 4-8

在显示设置界面选择"屏幕缩放"可以进入屏幕缩放设置界面。当用户感觉桌面和窗口显示过大或过小时，可以在屏幕缩放设置界面单击调整缩放倍数，缩放效果需要在注销后才能生效，对比效果如图 4-9 所示。

图 4-9

提示：

当检测到屏幕为高分屏时，系统会自动调整缩放倍数。部分应用可能不支持屏幕缩放，可以在启动器中应用上单击鼠标右键，选择"禁用屏幕缩放"，从而获得更好的显示效果。

（4）设置屏幕刷新率

刷新率越高，屏幕画面稳定性就越好，在显示设置界面选择"刷新率"，选择一个合适的刷新率，单击"保存"即可，如图 4-10 所示。

（5）改变屏幕方向

当电脑外接到一个高质量的可以旋转的显示屏时，需要在电脑上设置来改变屏幕方向，方便屏幕显示，改变屏幕方向的方法如下。

在显示设置界面单击"旋转屏幕"按钮 ，每单击一下鼠标左键，屏幕逆时针旋转 90°。如果想还原到之前的屏幕方向，单击鼠标右键即可；如果想使用设置的屏幕方向，按快捷键"Ctrl+S"即可保存，如图 4-11 所示。

图 4-10

图 4-11

2. 多屏设置

多屏显示可以让屏幕的视野无限延伸，使用 VGA、HDMI、DP 等线缆将电脑和另一台显示屏、投影仪等连接起来，电脑上的内容可以同时在多个屏幕中显示。多屏显示模式设置的使用方法如下。

将电脑和另一台显示设备连接起来，控制中心的显示设置界面才会出现多屏显示模式，单击"多屏显示模式"，如图 4-12 所示。在多屏显示模式下可以选择将主屏显示内容复制、扩展到另一个屏幕或只在某个屏幕显示内容，除此之外还可以选择自定义设置。

单击"自定义设置"，进入自定义设置界面，单击"识别"，查看屏幕名称；选择"合并"或"拆分"，对多个屏幕进行详细设置，包括主屏幕、分辨率、刷新率，旋转屏幕，单击"保存"按钮即可完成设置，如图 4-13 所示。

> **提示：**
>
> 1. 合并即复制模式，拆分即扩展模式。
> 2. 在多屏环境下，可以按快捷键"Super 键 + P"调出多屏显示模式的 OSD。按住 Super 键不放，按下 P 键或用鼠标左键单击可以选择模式，松开按键即可进行确认，使模式生效。

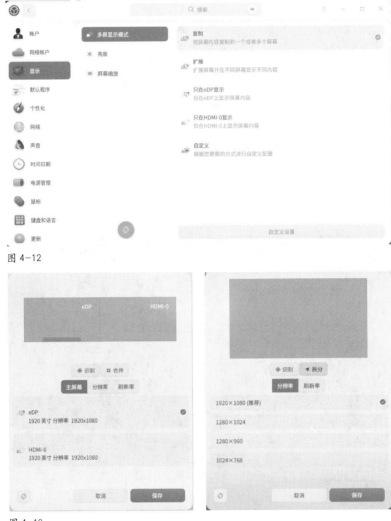

图 4-12

图 4-13

4.1.6　更改壁纸

长时间面对同一个壁纸容易让人产生审美疲劳，通过"壁纸与屏保"可以更改壁纸，具体操作步骤如下。

01.　在桌面空白处单击鼠标右键，选择"壁纸与屏保"，在桌面底部会显示所有壁纸的缩略图，如图 4-14 所示。

02.　单击某一壁纸的缩略图后，该壁纸会直接在桌面和锁屏中生效。壁纸生效后，缩略图的位置会显示"仅设置桌面"和"仅设置锁屏"按钮，单击对应按钮即可选择壁纸的生效范围，如图 4-15 所示。

提示：

除了静态壁纸外还可以设置动态壁纸，在更改壁纸时勾选"自动更换壁纸"设置壁纸自动更换的时间间隔以及设置在"登录时"和"唤醒时"自动更换壁纸。如果不想用系统自带的壁纸，还可以在图片查看器中选择喜欢的图片设置为桌面壁纸。

图 4-14

图 4-15

4.1.7　设置屏保

以前，电脑如果长期处于一个状态会损害显示屏的显像管，减少显示屏的使用寿命，而屏幕保护（屏保）程序可以避免这一问题，现在设置屏保主要是为了美观。在设置屏保时，勾选"恢复时需要密码"可以防范他人偷窥个人电脑上的一些隐私信息。设置屏保的操作步骤与更改壁纸类似。

01. 在桌面空白处单击鼠标右键，单击"壁纸与屏保—屏保"，在桌面底部可以预览所有屏保，如图 4-16 所示。

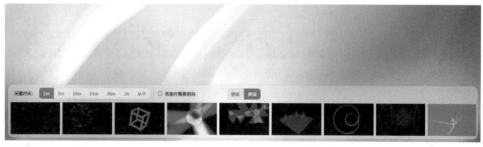

图 4-16

02. 单击某个屏保的缩览图即可将其设置为屏保，同时还可以在缩览图上方设置闲置时间，待电脑空闲达到指定时间后，系统将启动选择的屏幕保护程序。

4.1.8　剪贴板

按快捷键"Ctrl+Alt+V"可以在屏幕左侧调出剪贴板。用户复制和剪切的所有文本、图片和文件都可以在剪贴板中找到。使用剪贴板可以快速复制其中的某项内容。剪贴板的使用方法如下。

01. 在桌面上进行多次复制、剪切操作。

02. 按快捷键"Ctrl+Alt+V"调出剪贴板，所有复制、剪切操作都会呈现在剪贴板中，如图 4-17 所示。

03. 双击剪贴板内的某一内容，可快速复制该内容，且该内容会被移动到剪贴板顶部，选择目标位置进行粘贴。

04. 将光标移入剪贴板的某一内容，单击右上方的"关闭"按钮 ×，即可删除当前内容；单击剪贴板顶部的"全部清除"，即可清空剪贴板。

图 4-17

> **提示：**
>
> 注销或关机后，剪贴板会自动清空。

4.2 任务栏

　　任务栏一般情况下在电脑屏幕的底部，作为桌面常驻项目，主要用来固定图标和切换程序等，由启动器、应用程序、托盘区、系统插件等区域组成，如图 4-18 所示。在任务栏可以打开启动器，显示桌面，进入多任务视图，对驻留在任务栏上的应用程序进行打开、关闭、强制退出等操作，还可以设置输入法，调节音量，连接无线网络，查看日历，进入关机界面等。

图 4-18

　　任务栏的各个区域，可以通过任务栏图标来快速识别，具体图标及对应说明如表 4-2 所示。

表 4-2　任务栏图标及说明

图标	名称	说明	图标	名称	说明
	启动器	单击查看所有已安装的应用		桌面	显示桌面
	多任务视图	单击显示工作区		文件管理器	单击查看磁盘中的文件、文件夹
	浏览器	单击打开网页		商店	搜索、安装应用软件等
	相册	导入并管理照片		音乐	播放本地音乐
	联系人	好友通信，视频会议		日历	查看日期、新建日程
	控制中心	单击进入系统设置		通知中心	显示所有系统和应用的通知
	桌面智能助手	使用语音或文字来发布指令或发起询问		屏幕键盘	单击使用虚拟键盘
	关机	单击进入关机界面		回收站	管理所有暂时删除文件

4.2.1　设置任务栏

任务栏通常显示在桌面的底部，但其位置、状态、模式以及上面显示的插件都可以进行切换。

1．切换显示模式

任务栏的显示模式有两种：时尚模式（图4-19）和高效模式（图4-20），不同模式显示的图标大小和应用窗口激活效果不同。在任务栏上单击鼠标右键，选择"模式"可以切换时尚模式和高效模式。

图4-19

图4-20

> **提示：**
> 在高效模式和时尚模式下，将鼠标指针移到任务栏上已打开应用的图标时，都会显示相应的预览窗口。

2．设置任务栏位置

在任务栏上单击鼠标右键，选择"位置"可以将任务栏设置在桌面的上方、下方、左方或右方，若将任务栏设置在"左"，效果如图4-21所示。

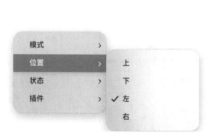

图4-21

> **提示：**
> 将光标移动到任务栏的边缘且光标变为双箭头时，按住并拖动可改变任务栏高度。

3．显示或隐藏任务栏

当屏幕较小、操作界面过大的时候，可以将任务栏隐藏，扩大桌面的可操作区域。

在任务栏上单击鼠标右键，选择"状态"，可将任务栏状态可以设置为一直显示、一直隐藏或智能隐藏，如图4-22所示。

- 一直显示：任务栏将会一直显示在桌面上。

- 一直隐藏：任务栏将会隐藏起来，只有光标移动到任务栏区域时才会显示。

- 智能隐藏：当窗口等占用任务栏区域时，任务栏自动隐藏。

图 4-22

4．显示或隐藏插件

任务栏上有很多插件，包括回收站、电源、显示桌面、屏幕键盘、多任务视图、时间、桌面智能助手，用户可以根据使用频率选择显示或隐藏对应插件。

在任务栏上单击鼠标右键，选择"插件"，勾选某一插件，对应插件可在任务栏上显示；取消勾选，对应插件在任务栏上不显示，如图 4-23 所示。

图 4-23

4.2.2　任务栏的常用功能

任务栏包含了统信 UOS 中的一些常用功能，如通知消息、网络设置、音量设置、时间日期、电源控制等，下面将对这些功能的使用方法进行详细讲解。

1．查看通知消息

系统或应用的通知消息会在桌面上方弹出消息框进行提醒，可以单击"查看"或"关闭"，如图 4-24 所示。

图 4-24

除此之外，还可以单击任务栏上的"通知中心"图标🔔，打开通知中心查看所有通知消息，如图 4-25 所示。

2．网络设置

电脑如果没有了网络就失去了大部分功能，如无法进行登录网页、下载软件、与外界进行通信等操作。在任务栏上有两种快速连接网络的方法，一种是无线上网，另一种是有线上网。

无线上网不需要连接网线，只需要有无线网络和密码就能连接上，是现在最常用的一种上网方式。在任务栏上单击"无线网络"图标，打开无线网络，在弹出的窗口中选择一

图 4-25

个无线网络即可进行连接。如果有密码的话还需要在弹出的提示
框中输入密码进行验证，下次再打开无线网络时电脑会自动连接
上输入过密码的无线网络，如图 4-26 所示。

　　在"无线网络"图标  上单击鼠标右键可以选择"关闭网络"
关闭无线网络，或选择"网络设置"进行更详细的设置。

　　有线上网需要连接网线，默认情况下任务栏里的"有线网
络"图标是断开的 （有小红点），插上网线后图标会显示为
连接状态 。这种连接网络的方式更常见于台式机或机房这类
固定不动的设备，如果使用的是龙芯的笔记本电脑，还是更建
议使用无线上网的方式。

图 4-26

　　将电脑连接上网线，在任务栏上单击"有线网络"图标  或在图标上单
击鼠标右键选择"网络设置"可以进行更详细的设置。如果不想使用网络可
以在图标上单击鼠标右键，选择"关闭网络"，如图 4-27 所示。

图 4-27

3. 音量设置

　　在播放音乐或视频的时候，可以通过任务栏的"音量"图标  快速
调节音量大小。在任务栏上单击"音量"图标，可以在弹出的提示框中
拖曳滑块调节音量大小，如图 4-28 所示。单击提示框左侧的喇叭或在
"音量"图标上单击鼠标右键选择"静音"可以快速将系统设置为静音
状态。单击鼠标右键选择"音量设置"还可以对音量进行更详细的设置。

图 4-28

4. 时间日期

　　在任务栏右侧可以直接看到当前系统时间，将光标移动到时间上，可查看详细的日期、星期和
时间。在时间上单击可以打开日历，如图 4-29 所示。

　　在日历界面上双击某一天的模块，可以在日历中详细设置当天的日程，如图 4-30 所示。

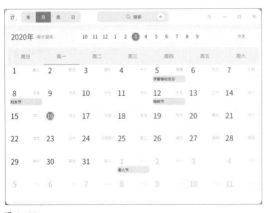

图 4-29

图 4-30

5. 电源控制

　　单击任务栏上的"电源"图标  进入如图 4-31 所示的界面，也可以在启动器的小窗口模式中

单击"电源"图标⏻进入该界面。

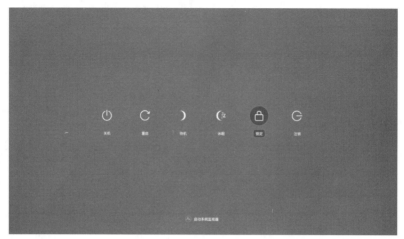

图 4-31

电源界面中的操作按钮功能和说明如表 4-3 所示。

表 4-3　电源界面操作按钮功能和说明

操作按钮	功能	说明
⏻	关机	关闭电脑
C	重启	关机后重新启动运行电脑
☽	待机	整个系统将处于低能耗运转的状态
🔒	锁定	锁定电脑，或按下键盘上的快捷键"Super 键 +L"锁定
👥	切换用户	选择另一个用户账户登录（当系统存在多个账户时才显示）
⟲	注销	清除当前登录用户的信息
〽	系统监视器	快速启动系统监视器

4.3 启动器

启动器 ⊛ 在任务栏的最左边，单击即可展开。启动器可以管理系统中所有已安装的应用，在启动器中通过分类导航或搜索可以快速找到需要的应用。

> **提示：**
> 在启动器中，新安装应用旁边会显示一个小蓝点。

启动器有两种模式，分别是全屏模式（图 4-32）和小窗口模式（图 4-33），单击启动器界面右上角的图标即可切换模式。两种模式均支持搜索应用、设置快捷方式、设置开机自动启动等操作。

小窗口模式还支持快速打开文件管理器、进入控制中心和进入电源界面等操作。

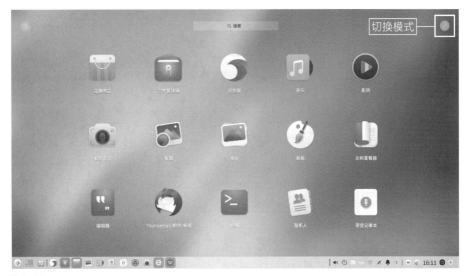

图 4-32

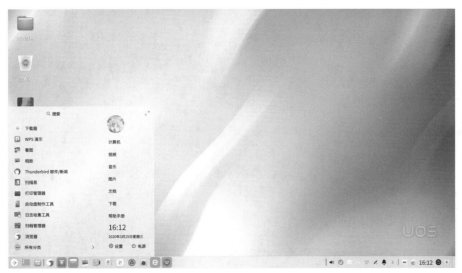

图 4-33

4.3.1　排列和查找应用

全屏模式下，系统默认按照安装时间排列所有应用，可以根据需要对应用进行自由排列或分类排列，详细操作如下。

● 将光标悬停在应用图标上，按住鼠标左键不放，将应用图标拖曳到指定的位置即可进行自由排列。

● 单击启动器界面左上角的 ▦，应用将自动按照不同类型进行排列，如图 4-34 所示。

小窗口模式下，系统默认按照使用频率排列所有应用，可以使用鼠标滚轮查找应用。在小窗口模式下，单击"所有分类"，即可按照应用类型查找应用，如图 4-35 所示。如果知道应用名称，直接在搜索框中输入关键字可以快速定位应用。

图 4-34

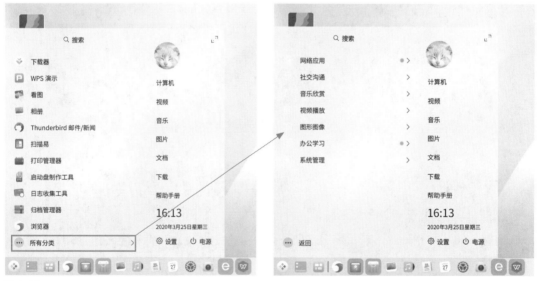

图 4-35

4.3.2　运行应用

在启动器中找到需要的应用后，可以直接单击应用图标或右键单击应用图标选择"打开"来运行应用，以系统监视器●为例，如图 4-36 所示。

此外，在右键菜单中可以根据需求选择"发送到桌面"或"发送到任务栏"，在桌面或任务栏创建该应用的快捷方式。如果应用已经创建了桌面快捷方式，可以在桌面双击应用图标或右键单击应用图标选择"打开"来运行应用；如果应用固定到任务栏，在任务栏上单击应用图标即可运行应用。

图 4-36

　　如果选择"开机自动启动"，则可将应用添加到开机自动启动项，应用会在电脑开机时自动
运行。

4.3.3　应用的快捷方式

　　快捷方式是一种简单、快捷地启动应用的方法。在启动器中可以创建和删
除快捷方式，创建快捷方式的具体操作已在 4.3.2 小节进行了详细讲解。

　　除了在启动器中单击鼠标右键外，还可以从启动器拖曳应用图标到任务栏
来创建快捷方式。但是当应用处于运行状态时则无法创建成功，此时可以右键
单击任务栏上的应用图标，选择"驻留"将应用固定到任务栏，以便下次使用
时从任务栏上快速启动，如图 4-37 所示。

图 4-37

　　当不再需要某应用的快捷方式时，可以在桌面直接删除该应用的快捷方
式，也可以在任务栏和启动器中进行删除。

　　在任务栏上，按住鼠标左键不放，将应用图标拖曳到任务栏以外的区域，
即可删除快捷方式。当应用处于运行状态时，无法使用拖曳进行删除，此时可
以右键单击任务栏上的应用图标，选择"移除驻留"，如图 4-38 所示，将应
用的快捷方式从任务栏上删除。

图 4-38

　　在启动器中，右键单击应用图标，选择"从桌面上移除"或"从任务
栏上移除"，即可删除该应用在桌面或任务栏上的快捷方式，如图 4-39
所示。

> **说明：**
> 　　删除应用的快捷方式并不会卸载应用。

图 4-39

4.4 多任务视图

多任务视图可以同时开启多个桌面，已打开的应用和窗口可以分别放到不同的桌面上。当用户打开很多应用，需要很久才能找到想要的应用时，使用多任务视图可以帮助用户将应用按照不同的类型放到不同的桌面上，区分不同的工作内容，用户可以通过切换桌面一键转换工作场景，如图 4-40 所示。

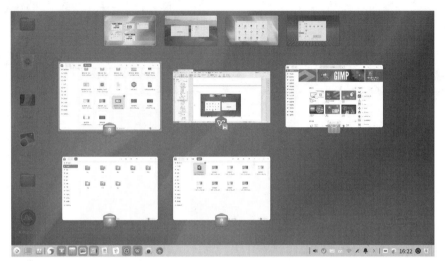

图 4-40

4.4.1 多任务操作

多任务视图可以帮助用户将已开启的应用和窗口进行分组管理，通过划分多个桌面增大工作区域。按快捷键"Super 键 +S"或单击"多任务视图"图标⊞即可进入多任务视图。

在多任务视图界面，可以执行添加桌面、切换桌面、删除桌面等操作，还可以查看所有应用和窗口并进行移动。

1．添加桌面

在多任务视图界面，可以单击界面右上方的╋添加桌面，如图 4-41 所示。

> **说明:**
> 统信 UOS 最多支持 4 个桌面，当已添加的桌面达到最大值时，将不能再添加桌面。

2．切换桌面

在多任务视图界面，可以通过以下方式快速切换桌面。

● 按快捷键"Super 键 + ← / →"，切换到上一个 / 下一个桌面。

● 按数字键 (1-4)，切换到指定顺序的桌面。

● 滚动鼠标滚轮切换到上一个 / 下一个桌面。

在多任务视图界面，可以通过以下方式切换多任务视图中的应用或窗口。

● 按 ↑ / ↓ / ← / → 键可以上、下、左、右切换应用或窗口。

● 单击某个应用或窗口可以进入对应的应用或窗口。

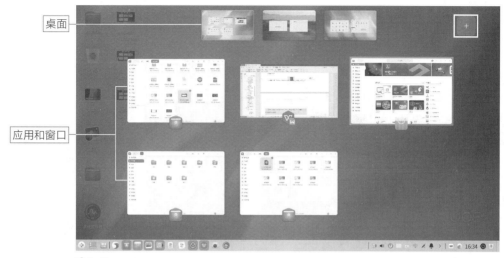

图 4-41

3．删除桌面

不需要多个桌面的时候可以执行删除桌面操作，删除后该桌面上所有的应用和窗口将自动转移到相邻的桌面中显示。当多任务视图界面中只存在一个桌面时，将不能执行删除桌面的操作。

在多任务视图界面，单击某一个桌面右上角的×即可删除桌面，单击应用或窗口右上角的×即可关闭对应应用或窗口，如图 4-42 所示。

图 4-42

4．退出多任务视图

在多任务视图界面完成相关操作后，可以通过以下三种方式退出多任务视图。

● 按键盘上的 Esc 键。

- 在当前工作区界面的任意位置单击。

- 再次按快捷键"Super 键 + S"。

5. 查看所有应用和窗口

在多个桌面开启多个应用和窗口的时候，可以通过快捷键快速查看当前桌面或所有桌面上的应用和窗口，方便用户快速定位到想要使用的应用或窗口。

按快捷键"Super 键 +A"，可以查看所有桌面上的应用和窗口，如图 4-43 所示。

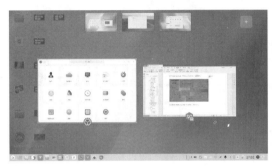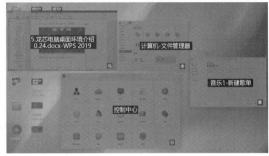

图 4-43

按快捷键"Super 键 +W"，可以查看当前桌面上的应用和窗口，如图 4-44 所示。

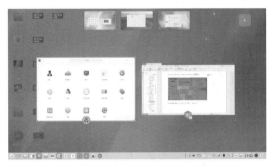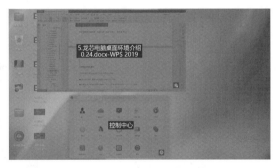

图 4-44

6. 移动应用和窗口

桌面上的应用和窗口可以通过以下几种方式移动到另一个桌面上。

- 在多任务视图界面，拖曳应用或窗口到指定的桌面。

- 在桌面上，按快捷键"Super 键 + Shift+ ← / →"，将当前应用或窗口移动到上一个 / 下一个桌面。

- 在桌面上，按快捷键"Super 键 + Shift+ 数字键（1-4）"，将当前应用或窗口移动到对应顺序的桌面。

- 在桌面上，按快捷键"Alt+ 空格键"或在窗口的标题栏上单击鼠标右键，打开窗口菜单，选择"总在可见工作区"或"移至右边的工作区"或"移至左边的工作区"，将当前应用或窗口移动到指定的桌面。

> **提示：**
> 除了移动桌面上的应用和窗口，在窗口快捷操作菜单中还可以进行最小化、最大化、移动、改变应用或窗口大小、置顶和关闭应用或窗口等操作。

4.4.2　切换桌面上的应用和窗口

可以通过以下方式切换当前桌面上的应用和窗口，执行操作如表 4-4 所示。

表 4-4

切换类型	操作
快速切换相邻应用或窗口	同时按快捷键"Alt+Tab"并快速释放，快速切换当前和相邻的应用或窗口；同时按快捷键"Alt+Shift+Tab"并快速释放，快速反向切换当前和相邻的应用或窗口
切换所有应用或窗口	按住 Alt 键不放，连续按下 Tab 键，所有应用或窗口依次向右切换显示；按住"Alt+Shift"不放，连续按下 Tab 键，所有应用或窗口依次向左切换显示
快速切换同类型应用或窗口	同时按快捷键"Alt+~"并快速释放，快速切换当前同类型应用或窗口；同时按快捷键"Alt+Shift+~"并快速释放，快速反向切换当前同类型应用或窗口
切换同类型应用或窗口	按住 Alt 键不放，连续按下 ~ 键，当前同类型应用或窗口依次向右切换显示；按住"Alt+Shift"不放，连续按下 ~ 键，当前同类型应用或窗口依次向左切换显示

4.5 控制中心

统信 UOS 通过控制中心管理系统的基本设置，在控制中心可以完成账户、网络、时间日期、个性化、显示、更新等相关设置。进入桌面环境后，单击任务栏上的控制中心图标🌐即可打开控制中心。

控制中心首页主要展示各个设置模块，方便查看和快速设置，如图 4-45 所示。

图 4-45　（注：图中"帐户"应为"账户"，后同）

在控制中心界面的上方是标题栏，标题栏包含"返回"按钮＜、搜索框、"语音助手"按钮 ✳、主菜单 ≡ 及窗口按钮，具体介绍如下。

● "返回"按钮＜：进入各个设置模块后，单击该按钮可以返回控制中心首页。

● 搜索框：输入关键字或单击"语音助手"按钮 ⬙ 输入语音（语音会转化为文字显示在搜索框中），按 Enter 键即可搜索相应设置。

● 主菜单☰：单击即可展开主菜单，在主菜单中可以修改窗口主题、查看控制中心版本或退出控制中心。

单击控制中心某一个设置模块后，通过左侧导航栏可以快速切换到另一个设置模块，如图 4-46 所示。

图 4-46

4.5.1 账户设置

控制中心账户设置包括账户和网络账户，账户模块可以设置多个账户、自动登录和无密码登录等，帮助用户更方便地管理和使用电脑；网络账户设置模块开启后可以一键将电脑相关系统配置转移到另一台电脑，帮助用户快速地更换设备。

1. 账户

安装系统时会创建了一个账户，在控制中心的账户模块可以对账户进行相关设置。

（1）创建新账户

在控制中心首页，单击"账户"按钮👤即可进入账户设置界面，如图 4-47 所示。

在账户设置界面，单击"添加"按钮⊕，进入新账户界面，如图 4-48 所示。

在新账户页面，输入用户名、密码和重复密码，单击"创建"，弹出授权对话框，如图 4-49 所示。在授权对话框中输入当前账户的密码，新账户就会添加到账户列表中，如图 4-50 所示。

（2）设置全名

账户全名会显示在账户列表和系统登录界面，可以根据需要进行设置。

图 4-47

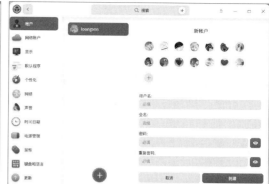

图 4-48

图 4-49

图 4-50

在账户设置界面单击账户"设置全名"后的 ✎，输入账户全名即可，如图 4-51 所示。

类似地，在账户设置界面还可以修改头像、修改密码和删除账户，根据需求开启自动登录和无密码登录。

图 4-51

2．网络账户

在控制中心登录网络账户后可以使用云同步、应用商店、邮件客户端、浏览器等相关云服务功能。

开启云同步可自动同步各种系统配置到云端，如网络、声音、鼠标、更新、任务栏、启动器、壁纸、主题、电源等，如图 4-52 所示。若想在另一台电脑上使用相同的系统配置，只需登录此网络账户，即可一键同步以上配置到该电脑设备。

图 4-52

提示：

当"自动同步配置"开启时，可以选择同步项；关闭时，所有配置都不能同步。

4.5.2　文件的默认程序设置

当安装有多个功能相似的应用时，可以选择其中的一个应用作为对应文件类型文件的默认程序。

以修改打开图片的默认程序为例，单击控制中心"默认程序"按钮 。选择"图片"进入默认程序列表，在列表中选择另一个应用即可，如图 4-53 所示的相册。在下次打开图片时文件会自动通过相册应用打开。

图 4-53

4.5.3　个性化设置

在控制中心个性化设置模块中可以改变整个系统的显示风格，包括通用、图标主题、光标主题、字体等，将桌面和窗口的外观设置成自己喜欢的显示风格，如图 4-54 所示。

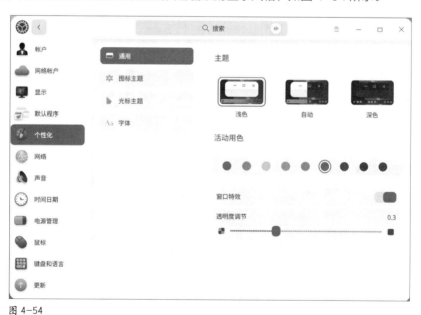

图 4-54

在通用设置模块下用户可以根据需求，单击选择窗口主题为浅色、自动或是深色。自动是指系统根据设置的当前时区日出日落的时间自动更换窗口主题，日出后是浅色，日落后是深色。用户一般在白天使用浅色模式，晚上使用深色模式，避免屏幕过亮或过暗，提高使用体验，如图 4-55 所示。

活动用色是指选中某一选项时的强调色，用户可以根据个人喜好单击选择喜欢的颜色。

开启窗口特效可以让桌面和窗口更美观精致。窗口特效开启后才能通过透明度调节来设置任务栏和启动器（小窗口模式）的透明度，滑块越靠左越透明，越靠右越不透明。

图 4-55

类似地，在个性化设置界面上，还可以完成图标主题、光标主题和字体的设置。

4.5.4 声音设置

在播放视频、音频或录制声音时，需要对声音进行调试，从而让播放的声音听起来更舒适、录制的声音更清晰。

在控制中心首页，单击"声音"按钮 🔊，进入声音设置界面，打开"扬声器"开关，通过拖曳滑块可以调节输出音量和声道左 / 右平衡，如图 4-56 所示。

提示：
1. 若关闭扬声器，系统将全部静音，无法听到系统音效和声音。
2. 如果音量达到 100% 还不能满足需求，可以开启"音量增强"，但是可能会导致音效失真，同时还会损害电脑的扬声器。

在声音设置模块，选择"麦克风"，可以开关麦克风、调节输入音量，同时查看输入音量的大小，如图 4-57 所示。

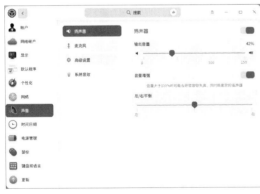

图 4-56   图 4-57

通常设置麦克风需要调大输入音量，以确保能够收到声源的声音，但同时应避免音量调节过大，因为这会导致声音失真。使用过程中可以对着麦克风以正常音量讲话，并观察反馈音量的变化，变化较明显，则说明输入音量合适。

在声音设置模块，选择"高级设置"，可以选择输入和输出设备。

在电脑开机、关机、注销等情况下响起的声音就是系统音效，系统音效可以提醒用户该操作已生效。在声音设置模块，选择"系统音效"，打开"系统音效"，单击某一事件，可以试听该事件发生时的音效，勾选某一事件后的选项，即可开启该事件发生时的音效，如图 4-58 所示。

图 4-58

4.5.5　时间日期

在任务栏的右边通常能看到当前系统的时间和日期，默认情况下，系统通过网络自动同步该时区的网络时间和日期。

在控制中心时间日期模块，可以切换时间显示为 12 小时制或 24 小时制。如果系统时区不是当前地区对应的时区可以在时区列表中进行修改，如果想查看其他时区时间可以添加或删除时区，如图 4-59 所示。

图 4-59　时间设置

单击"时间设置"进入时间设置界面，关闭"自动同步配置"，可以手动设置时间和日期，如图 4-60 所示。

图 4-60

4.5.6　电源管理

电脑如果长期处于开启不用的状态对电脑本身是有损耗的，同时一直开启电脑也可能会导致电脑上的内容被他人随意看到。在控制中心对系统电源进行设置，让电脑能根据设置的时间自动关闭，可以让笔记本电脑电池更耐用；同时还可以设置再次开启时需要密码，从而保护个人电脑上数据的安全。

在控制中心电源管理设置模块选择"使用电源"，可以通过拖曳滑块设置关闭显示器、电脑进入待机模式以及自动锁屏的时间，这样电脑在一段时间不用的情况下可以自动锁屏或待机，如图 4-61 所示。

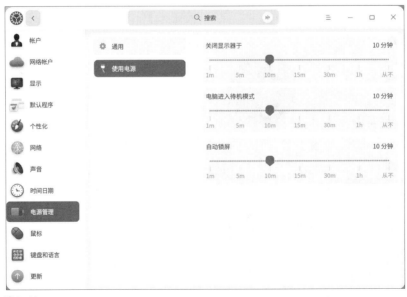

图 4-61

在通用设置界面可以开启"待机恢复时需要密码"和"唤醒显示器时需要密码",这样电脑在待机恢复或重新被唤醒后需要输入密码才能进入桌面,从而可以保护电脑数据安全,如图 4-62 所示。

图 4-62

4.5.7　鼠标和触控板

通常情况下用户都是通过鼠标对电脑进行各种操作,在没有鼠标的情况下,笔记本电脑用户还可以使用自带的触控板对电脑进行操作。在控制中心鼠标模块,用户可以进行通用、鼠标、触控板等设置。

在鼠标的通用设置界面,开启"左手模式"可以互换鼠标或触控板的左右键功能;"输入时禁用触控板"一般情况下为开启状态,避免鼠标和触控板命令出现混乱;"滚动速度"和"双击速度"可以调整鼠标操作的灵敏度,如图 4-63 所示。

图 4-63

在鼠标设置界面，可以调整鼠标的指针速度，开启或关闭"鼠标加速""插入鼠标时禁用触控板"和"自然滚动"功能，如图 4-64 所示。

"鼠标加速"可以提高指针精确度，这是因为光标在屏幕上的移动距离会根据移动速度的加快而增加，该功能可以根据使用情况开启或关闭。"自然滚动"开启时，鼠标滚轮向下滚动时，内容会向上滚动；鼠标滚轮向上滚动时，内容会向下滚动。

在触控板设置界面可以调节触控板的"指针速度"，控制手指移动时指针移动的速度；开启"自然滚动"，可变更滚动方向，如图 4-65 所示。

图 4-64

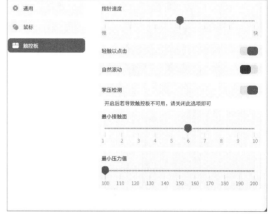

图 4-65

> **说明：**
> 1. 如果电脑没有触控板，鼠标设置界面不会显示"插入鼠标时禁用触控板"功能。
> 2. 如果是笔记本电脑，可以在通用设置界面开启"输入时禁用触控板"，在鼠标设置界面设置"插入鼠标时禁用触控板"，在触控板设置界面开启"掌压检测"，设置最小接触面和最小压力值，以避免误操作触控板。

4.5.8　键盘和语言

在键盘和语言模块可以对键盘的相关属性和快捷键进行设置，以符合用户个人使用习惯，从而提高效率，同时还可以根据需求修改系统语言。

1. 键盘属性

在键盘和语言设置模块的通用设置界面可以通过拖曳滑块修改键盘的重复延迟和重复速度，修改完成后还可以在界面上对键盘属性的设置效果进行测试；如果键盘上有数字键盘，除了按 Num lock 键开启 / 关闭数字键盘外也可以通过开启 / 关闭"启用数字键盘"对其进行控制；开启"大写锁定提示"后，按 Caps lock 键切换大小写时界面下方会出现大写 / 小写的字母 A 进行提示，如图 4-66 所示。

2. 键盘布局

键盘布局可以为当前语言设置自定义键盘。完成键盘布局设置后，按下键盘上的按键，屏幕上

会按照键盘布局设置好的字符进行显示。更改键盘布局后，屏幕上的字符可能与键盘按键上的字符
不相符。一般在安装系统时，就已经设置了键盘布局，可以根据需求添加或删除其他的键盘布局，
如图 4-67 所示。

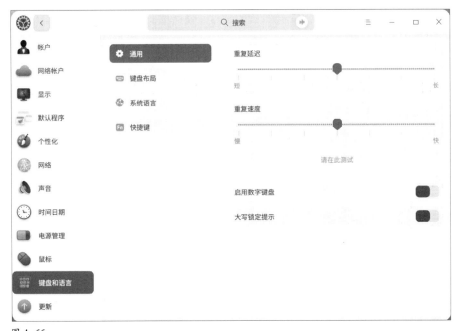

图 4-66

图 4-67

　　添加需要的键盘布局后，在键盘布局设置界面可以通过单击切换键盘布局，还可以根据需求选
择一个或多个切换键盘布局快捷键，使用快捷键系统将按顺序切换已添加的键盘布局，切换成功后，
该键盘布局将标记为已选择。

> **提示：**
> 设置切换方式可以让切换后的键盘布局应用于整个系统或当前应用。

3. 系统语言

系统语言默认为安装系统时所选择的语言，可以随时进行更改。系统语言列表可以添加多个语言，以便切换系统语言。

在键盘和语言设置模块，选择"系统语言"，单击 ⊕ 进入语言列表，选择某一语言，该语言将自动添加到系统语言列表，如图 4-68 所示。

图 4-68

添加系统语言后，选择要切换的语言，系统将自动开始安装语言包。语言包安装完成后，需要注销后重新登录，新设置的系统语言才能生效。

> **提示：**
> 更改系统语言后，键盘布局可能也会发生改变。重新登录时，需要确保使用正确的键盘布局来输入密码。

4. 快捷键

在键盘和语言设置模块，选择"快捷键"，进入快捷键列表，在快捷键列表界面显示了系统所有的快捷键，在这里可以查看、修改和自定义快捷键，如图 4-69 所示。系统支持非常多的快捷键，可以通过快捷键上方的搜索快速定位到想要查看或修改的快捷键。

在快捷键设置界面可以对快捷键进行修改，单击想要修改的快捷键，在键盘上按下想要设置的按键即可设置新的快捷键。

图 4-69

> **提示：**
> 　若要取消修改快捷键，单击下方的"恢复默认"按钮即可。

4.6　系统快捷操作

统信 UOS 的触控板支持多种快捷手势，可以代替鼠标操作和部分快捷键，利用好触控板的快捷手势可以提高工作效率，同时统信 UOS 提供的桌面智能助手可以通过语音对话的形式完成一些指令，用户无须通过鼠标或触控板进行多次操作。

4.6.1　快捷手势介绍

在没有鼠标的时候，可以使用触控板手势代替鼠标操作，常用的触控板手势及对应的鼠标操作如表 4-5 所示。

表 4-5

触控板手势	对应的鼠标操作
移动手指	移动光标
单指单击	鼠标单击
单指双击	鼠标双击
二指向上移动	屏幕向下滚动。如果打开"自然滚动"选项，则是屏幕向上滚动

续表

触控板手势	对应的鼠标操作
二指向下移动	屏幕向上滚动。如果打开"自然滚动"选项，则是屏幕向下滚动
二指向左移动	执行返回操作
二指向右移动	执行前进操作
二指从触控板右边缘向左滑动	显示控制中心
二指从触控板左边缘向右滑动	隐藏控制中心
二指旋转	旋转内容，主要支持看图和截图时的旋转操作
二指双击	以 200% 的倍率放大或还原
二指单击	显示右键菜单
三指从触控板右边缘向左移动	把当前窗口向左分屏
三指从触控板左边缘向右移动	把当前窗口向右分屏

此外，在触控板上部分手势操作除可以代替鼠标操作外，也可通过对应的快捷键实现，具体的触控板手势及对应的鼠标操作和快捷键如表 4-6 所示。

表 4-6

触控板手势	对应的鼠标操作	对应快捷键
二指距离加大	放大内容	Ctrl + =
二指距离缩小	缩小内容	Ctrl + -
三指向上移动	最大化窗口	Super 键 + ↑
三指向下移动	还原窗口	Super 键 + ↓
三指距离加大或缩小	显示所有窗口	Super 键 + W
三指单击	激活当前窗口的移动状态。当窗口处于移动状态后，再用一指快速移动窗口，在任意处单击即可退出窗口移动状态	Alt + F7
四指 / 五指向上或向下移动	显示 / 隐藏工作区	Super 键 + S
四指 / 五指向左移动	切换到上一个工作区	Super 键 + ←
四指 / 五指向右移动	切换到下一个工作区	Super 键 + →
四指 / 五指距离加大	隐藏窗口显示桌面 / 显示窗口隐藏桌面	Super 键 + D
四指 / 五指距离缩小	打开 / 关闭启动器	Super 键

> **提示：**
> 触控板可能不支持上述部分手势，需要确认触控板是否支持多点触控。

4.6.2　桌面智能助手介绍

桌面智能助手是统信 UOS 预装的应用，支持语音输入，可帮助用户查找信息、操作某些指令等，桌面智能助手的使用方法如下。

01. 连接录音设备，确保电脑能接收到语音输入。

02. 单击任务栏上的  或按快捷键 "Super 键 +Q"打开桌面智能助手，如图 4-70 所示。直接与桌面智能助手对话，即可实现一些指令，如更换壁纸、调节屏幕亮度、查询信息、打开应用等。

03. 等输入框出现后，还可以输入文字指令，如输入"打开应用商店"，应用商店将自动打开，如图 4-71 所示。

图 4-70

> **提示：**
> 选中任意文字按快捷键 "Ctrl+Alt+P"可以进行语音播报。连接录音设备后，输入框内按快捷键 "Ctrl+Alt+O"可以进入听写模式，把语音输入转换为文字。

图 4-71

第 05 章

应用商店管理

统信 UOS 主要通过预装的应用商店来管理应用，应用商店是一款集展示、搜索、安装、评论、更新、卸载应用等于一体的应用。应用商店中的应用种类丰富，且每款应用都经过人工安装和验证。在应用商店中可以一键下载并自动安装应用。

5.1 应用商店登录

应用商店 📖 可以在启动器中找到，单击即可打开，首页如图 5-1 所示。

图 5-1

应用商店在系统激活后，支持网络账户登录，单击应用商店标题栏上的 ⓞ，在弹出的登录提示框中输入用户名 / 邮箱 / 手机号和密码，单击"登录"按钮即可登录网络账户，如图 5-2 所示。登录网络账号后下载的应用会自动同步到云端，用户在更换电脑后，可以在新电脑上登录网络账户一键下载已同步到云端的应用。

图 5-2

新用户可以单击图 5-2 中的"注册"按钮，跳转到网页，根据提示输入用户名、密码、手机号、邮箱等信息，注册网络账户，如图 5-3 所示。

如果注册过网络账户，但是忘记了密码，可以单击图 5-2 中的"忘记密码？"，跳转到网页，选择"忘记密码"，通过注册时填写的邮箱，找回密码，如图 5-4 所示。

图 5-3

图 5-4

成功登录网络账户后单击账户头像可以看到账户名称。单击"我的评论"可以查看所有评论过的应用，对评论进行删除或修改；单击"我的应用"可以跳转到我的应用界面，查看已下载的应用，单击"登出"即可退出网络账户，如图 5-5 所示。

图 5-5

5.2　应用搜索

在应用商店中可以通过标题栏上的搜索框快速找到想要下载的应用，搜索框支持文字和语音两种输入方式。在搜索框中输入关键字后，搜索框下方将自动显示包含该关键字的所有应用，如搜索"360"会弹出两个相关应用，如图 5-6 所示。

图 5-6

单击搜索框下方的应用名称可以快速跳转到应用的详情页面，查看应用的详细介绍。

5.3　应用安装

应用商店提供的应用支持一键式下载和安装，无须手动配置。在下载和安装应用的过程中，可以查看当前应用下载和安装的进度，还可以暂停下载和删除该下载任务。登录网络账户还可以使用云端应用一键下载在其他电脑上登录网络账户时安装过的应用。

5.3.1　本地应用

在应用商店中无须登录网络账户，将光标悬停在应用的封面图或名称上，单击"安装"按钮即可在电脑上安装应用，如图 5-7 所示。

图 5-7

> **提示：**
> 　　通过搜索框搜索以及单击应用的封面图或名称进入应用详情页面，可以查看应用的基本信息后再选择安装。

　　单击"下载管理"，进入页面后可以查看应用安装的进度，单击 ‖ 可以暂停下载应用，单击 ⊗ 可以删除下载应用，如图 5-8 所示。

图 5-8

　　安装完成后，单击"我的应用"，应用就显示在"本地应用"中，如图 5-9 所示。

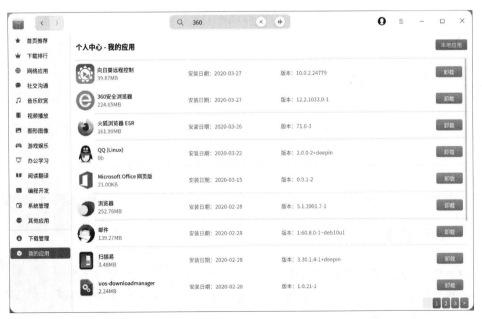

图 5-9

> **提示：**
> 应用商店中没有搜索到的应用，用户可联系厂家获取技术支持。

5.3.2　云端应用

登录网络账户，选择"我的应用"进入我的应用界面。单击"云端应用"即可查看登录该账户时下载安装过的所有云端应用，如图 5-10 所示。

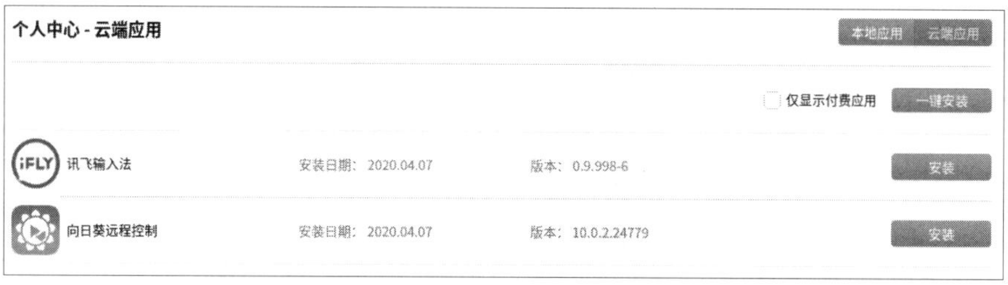

图 5-10

在云端应用中找到想要安装的应用，单击应用右侧的"安装"按钮即可进行安装。安装完成后，应用会同步显示在本地应用和云端应用中。

如果想批量安装，可以单击"一键安装"按钮，勾选想要安装的云端应用，单击"开始安装"按钮，即可下载安装应用，如图 5-11 所示。

图 5-11

下载的应用每隔一段时间会进行更新和升级，针对现有应用版本存在的问题、功能等进行优化。用户可以在控制中心进行更新，具体操作详见 11.4 节。

5.4 应用卸载

不常用或不再使用的应用，用户可以通过启动器或应用商店将应用卸载，以节省硬盘空间，具体操作如下。

在启动器中，右键单击应用图标，单击"卸载"即可卸载应用，如图 5-12 所示。

图 5-12

> **提示：**
>   在"时尚模式"下，可以在启动器的全屏模式界面，按住鼠标左键不放，将应用图标拖曳到任务栏的回收站中即可卸载应用。

在应用商店界面，单击"我的应用"进入我的应用界面，单击应用后的"卸载"按钮，即可卸载应用，如图 5-13 所示。

图 5-13

5.5 应用评论和评分

用户登录网络账户，下载应用后可以根据自己的使用情况在应用详情页面对应用进行评论和评分。用户下载应用时可以参考其他用户对该应用的评价，同时也可以发表自己的评价供其他用户参考，如图 5-14 所示。

图 5-14

第06章

文件和目录管理

统信 UOS 中的文件管理器是一款功能强大、简单易用的文件管理工具。文件管理器的界面风格简洁大方，有着一目了然的导航栏、智能识别的搜索框、多样化的视图及排序，用户可以轻松上手，让文件管理不再复杂。

主要内容

文件或文件夹的基本操作

为文件或文件夹创建链接

删除文件、回收站

隐藏和显示文件或文件夹

文件或文件夹的权限管理

压缩和解压缩文件

搜索文件和文件夹

U 盘使用

文件夹共享和文件传输

6.1 文件或文件夹的基本操作

在启动器中单击"文件管理器"图标🗂可打开文件管理器，也可双击桌面上的"计算机"进入文件管理器，在文件管理器界面可以看到文件目录，如图 6-1 所示。单击"我的目录"下的文件夹可以直接进入对应的文件夹浏览文件或进行新建、删除、复制、移动文件等操作。

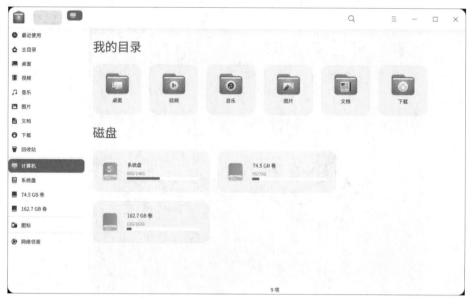

图 6-1

6.1.1 新建文件或文件夹

在文件管理器中可以根据需要新建文件（文档）或文件夹。在文件管理器中可以新建 4 种类型的文件，包括办公文档、电子表格、演示文档和文本文档。

在文件管理器某个文件夹中单击鼠标右键，选择"新建文档"，单击选择文件类型，即可创建文件，设置文件名称，如图 6-2 所示。

类似地，在文件管理器中还可以新建文件夹。当文件比较多的时候可以通过文件夹来管理文件。

图 6-2

6.1.2 查看文件属性

文件属性是指文件的基本信息，包括文件的大小、类型、创建时间、访问时间、修改时间等。在文件上单击鼠标右键，选择"属性"即可查看文件属性，如图6-3所示。

6.1.3 更改文件或文件夹名称

　　准确的文件或文件夹名称能够帮助用户在不打开文件夹的情况下识别同类型文件，方便文件管理。文件或文件夹名称不是一成不变的，可以随着内容的变化修改文件或文件夹的名称。修改文件名称和修改文件夹名称的操作一样，这里以修改文件名称为例。

　　选中文件后，再次单击文件名称，即可进入编辑状态修改文件名称，如图6-4所示。在文件上单击鼠标右键，选择"重命名"是一样的效果。

　　还可以在文件属性界面上修改文件名，单击图6-3中文件属性界面上文件名后的 ✎ 即可修改文件名。

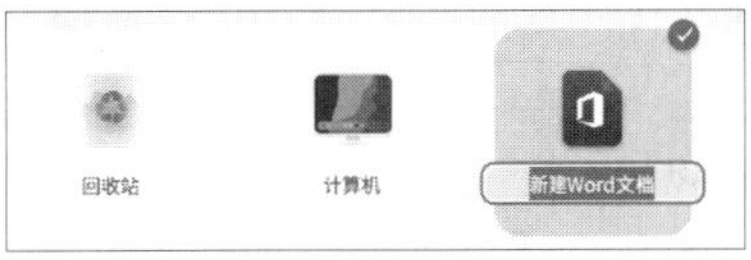

图 6-3

6.1.4 打开/关闭文件或文件夹

　　在文件管理器中双击文件或文件夹即可打开文件或文件夹。除此之外还可以在文件或文件夹上单击鼠标右键，选择"打开"来打开文件或文件夹。如果不想使用文件默认的打开方式，还可以在文件或文件夹上单击鼠标右键选择"打开方式"，单击选择用来打开当前文件的应用，如图6-5所示。

　　打开文件或文件夹后可以单击界面右上角的"关闭"按钮关闭文件或文件夹。

图 6-4

6.1.5 复制文件或文件夹

　　文件或文件夹可以通过复制和粘贴来进行备份，避免原文件出现问题导致资料丢失，具体操作如下。

图 6-5

01. 在文件管理器中需要复制的文件或文件夹上，单击鼠标右键，选择"复制"，或选中文件后使用快捷键"Ctrl+C"进行复制。

02. 选择一个目标存储位置。

03. 单击鼠标右键并选择"粘贴"，或使用快捷键"Ctrl+V"进行粘贴。

6.1.6 移动文件或文件夹

　　在整理文件或文件夹时，可以将文件从原文件夹移动到另一个文件夹，移动文件的方式有如下两种。

1. 剪切和粘贴

通过剪切和粘贴移动文件的操作步骤如下。

01. 在文件管理器界面上右键单击文件，选择"剪切"，或使用快捷键"Ctrl+X"进行剪切。

02. 选择一个目标存储位置。

03. 单击鼠标右键，选择"粘贴"，或使用快捷键"Ctrl+V"进行粘贴。

2. 通过拖曳

如果电脑屏幕比较大，可以同时打开文件所在文件夹和移动的目标文件夹。在需要移动的文件上按住鼠标左键不放，将其直接拖入目标文件夹中。

6.2 为文件或文件夹创建链接

在文件（或文件夹）上单击鼠标右键，选择"创建链接"可以给一个文件创建多个入口。创建的链接相当于 Linux 中的软链接，类似于 Windows 中的快捷方式。它实际上是一个特殊的文件，其中包含另一文件（源文件）的位置信息。

用户通过链接对文件进行读或写操作的时候，系统会自动把该操作转换为对源文件的操作，但删除链接文件时，系统仅删除链接文件，而不会删除源文件本身。

为文件或文件夹创建链接的操作方式一样，这里以为文件夹在桌面创建链接为例。在"摄像头"文件夹上单击鼠标右键，选择"创建链接"，如图 6-6 所示。

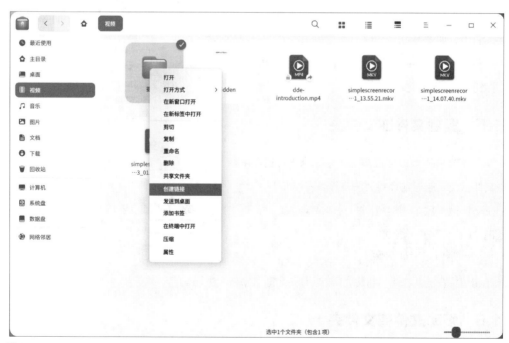

图 6-6

在弹出的对话框中设置链接的文件名，选择创建链接的位置，这里选择桌面，单击"保存"按钮，如图 6-7 所示。

图 6-7

在桌面即可看到"摄像头"文件夹的快捷方式，如图 6-8 所示。

图 6-8

6.3　删除文件、回收站

如果文件出现错误或不需要时可以将其删除，避免无用文件占用电脑内存空间。

6.3.1　删除文件

在文件管理器界面上，右键单击文件，选择"删除"即可删除文件，如图 6-9 所示。

> **提示：**
> 　　被删除文件的快捷方式将会失效，在外接设备上删除的文件会彻底被删除，无法从回收站中找回。

图 6-9

6.3.2　回收站

在回收站中，可以找到电脑中被删除的文件，对于删除的文件可以选择还原或永久删除。

1. 还原文件

文件管理器中的文件刚被删除时可以按快捷键"Ctrl+Z"进行还原，或在启动器中打开回收站，在被删除的文件上单击鼠标右键，选择"还原"，如图 6-10 所示，文件将还原到删除前的存储路径下。

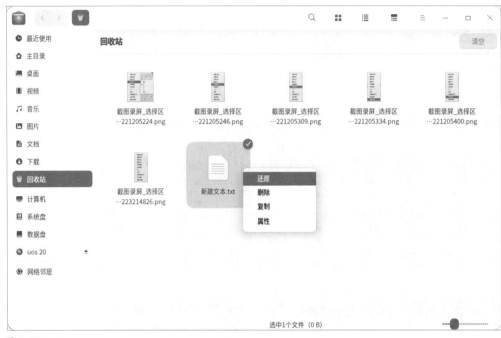

图 6-10

> **注意：**
> 　　如果文件所在的原文件夹已被删除，还原文件时会自动新建文件夹。

2. 删除文件和清空回收站

文件在文件管理器中被删除后还是会占用电脑空间，此时可以在回收站中选择将文件永久删除。打开回收站，在被删除的文件上单击鼠标右键，选择"删除"，即可删除回收站中的某一个文件；单击"清空"按钮，将彻底删除回收站的所有内容。

6.4　隐藏和显示文件或文件夹

文件管理器中的文件可以进行隐藏，对于比较重要的或涉及个人隐私，不想让他人看到的文件或文件夹可以使用该功能。以隐藏和显示文件为例介绍具体操作。

6.4.1　隐藏

打开文件管理器中的某一文件夹，在文件上单击鼠标右键，选择"属性"，勾选文件属性界面上的"隐藏此文件"，如图 6-11 所示，

图 6-11

关闭文件属性界面和文件夹，再次打开该文件夹，可以看到设置隐藏的文件已被隐藏。

6.4.2　显示

如果想看到隐藏文件，可以单击文件管理器界面右上角的"主菜单"≡，选择"设置"进入设置界面，单击"隐藏文件"，勾选"显示隐藏文件"，如图 6-12 所示，关闭设置界面，即可看到被隐藏的文件。

图 6-12

6.5　文件或文件夹的权限管理

文件管理器中的文件或文件夹可以对所有者、群组和其他设置只读和读写权限，从而达到保护文件的目的。所有者是指文件创作者，群组是指所有者所在的用户组，其他是指除了文件所有者所在的用户组之外的所有人。一般情况下，属于其他的这部分用户也可以读写这个文件，但是有时候希望这些用户只能对文件进行查看，不能编辑，此时可以为其他设置只读的权限。

在文件上单击鼠标右键，选择属性，在文件的属性界面可以修改文件的权限，如将文件夹的所有者权限由"读写"改为"只读"，文件的右上角会出现小锁的图标，如图 6-13 所示。

图 6-13

打开文件夹后在文件上单击鼠标右键，可以看到剪切、重命名和删除为灰色状态，即无法进行相关操作来修改文件夹中的文件，如图 6-14 所示。

6.6　压缩和解压缩文件

电脑的内存空间是有限的，可以将文件进行压缩，减少单个文件的占用空间，从而存储更多的文件或方便文件转输。

6.6.1　压缩文件

统信 UOS 默认通过归档管理器 ■ 进行文件压缩，归档管理器可以在启动器中找到。

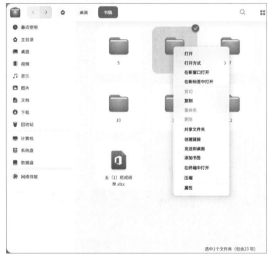

图 6-14

01. 打开归档管理器，通过拖曳或单击"选择文件"将想要压缩的文件添加到归档管理器中，如图 6-15 所示，单击"下一步"。

02. 进入新建归档文件界面，设置文件名和保存位置，打开"高级选项"还可以将文件设置为加密文件，单击"压缩"，即可压缩文件，如图 6-16 所示。

> **提示：**
> 　　在新建归档文件界面，单击文件图标下的灰色箭头可以修改压缩文件类型，归档管理器支持的压缩文件类型包括 .7z、.jar、.tar、.tar.bz2、.tar.gz、.tar.lz、.tar.lzma、.tar.lzo、.tar.xz、.tar.Z 和 .zip。

图 6-15

　　除此之外，还可以在文件上单击鼠标右键，选择"压缩"，自动进入新建归档文件界面，对文件进行压缩，如图 6-17 所示。

图 6-16

图 6-17

6.6.2　解压缩文件

　　在使用压缩文件的时候需要进行解压缩。在压缩文件上单击鼠标右键选择"解压缩"或"解压缩到当前文件夹"即可解压缩文件，如图 6-18 所示。

6.7　搜索文件和文件夹

　　当文件管理器中的文件比较多的时候，想要找到某一个文件就会比较困难，此时，可以使用文件管理器中的搜索和高级搜索功能来查找文件。

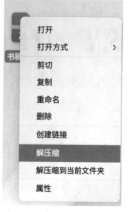

图 6-18

6.7.1　搜索

通过搜索来查找文件的操作步骤如下。

01. 在文件管理器中单击"搜索"按钮 🔍 ，或使用快捷键"Ctrl+F"调出地址栏，如图 6-19 所示。

02. 在地址栏中输入文件名的关键词，按 Enter 键，即可查找相关文件。

图 6-19

6.7.2　高级搜索

如果文件名类似的文件有很多，直接搜索出来的结果会有很多，找文件还是存在困难，此时可以使用高级搜索，增加搜索条件，进行更精确的搜索。

在搜索状态下，单击右侧的"高级搜索"按钮 🔽 进入高级搜索界面。选择搜索范围、文件类型、文件大小和修改时间，按 Enter 键即可快速查找目标文件，如图 6-20 所示。

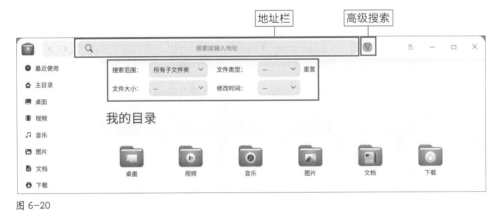

图 6-20

6.8　U 盘使用

U 盘就是闪存盘，是一种采用 USB 接口的无须物理驱动器的微型高容量移动存储产品，只要接入电脑上的 USB 接口，就可独立地存储读写数据。U 盘体积很小，重量极轻，特别适合随身携带。

6.8.1　插入 U 盘

将 U 盘插入电脑的 USB 接口，系统会自动识别，在任务栏上会出现 ⬚ 图标，双击 ⬚，展开图 6-21 所示弹窗，单击弹

图 6-21

窗可以打开 U 盘；或是打开"计算机"看到"移动硬盘"，双击也可以打开 U 盘，如图 6-22 所示。打开 U 盘后可实现读写、复制、移动等操作。

图 6-22

6.8.2　移除 U 盘

传输文件完成后建议将 U 盘移除再拔出 U 盘，避免损坏 U 盘中的文件，双击任务栏上的 ⊻，在展开的弹窗中单击■可以安全移除 U 盘；或打开"计算机"，在"移动硬盘"上单击鼠标右键，选择"安全移除"，如图 6-23 所示。

图 6-23

6.9　文件夹共享和文件传输

文件管理器中的文件根据不同的情况可以转移到其他设备上或分享给其他用户进行使用，本节主要讲解共享文件夹、手机文件访问和微信传输文件。

6.9.1 共享文件夹

文件管理器中的文件夹可以实现共享，局域网内的其他用户可以通过 SMB（Server Messages Block，信息服务块，是一种在局域网上共享文件和打印机的通信协议）来访问共享文件。在设置共享的时候可以修改文件夹的共享名，设置文件夹共享权限为可读写或只读、是否允许匿名访问。

在文件夹上单击鼠标右键，选择"属性"，在文件的属性界面单击"共享管理"，勾选"共享此文件夹"，修改文件夹的共享名、权限和匿名访问，完成共享文件设置，如图 6-24 所示。

共享的文件夹还可以设置共享密码，避免资料泄露。在文件管理器界面上，单击"主菜单" ≡，选择"设置共享密码"，在弹出的窗口中输入共享密码，单击"确定"按钮，即可完成文件共享（不设置共享密码时可直接完成文件共享），如图 6-25 所示。

设置共享文件后，"我的共享"目录将会出现在文件管理器的导航栏上，在我的共享中可以查看所有共享文件。当所有共享文件都取消共享后，"我的共享"会自动从导航栏中移除，如图 6-26 所示。

图 6-24

图 6-25

设置共享文件时

取消共享文件后

图 6-26

局域网中的其他用户一般可以在文件管理器的网络邻居中找到共享的文件，也可以通过 SMB 访问共享文件。

01. 在文件管理器的地址栏中输入局域网用户的共享地址，如 smb://xx.x.xx.xxx（一般为 IP 地址），按 Enter 键进行访问，如图 6-27 所示。

图 6-27

> **提示：**
> 除了使用 IP 地址访问共享文件外，还可以输入主机名来访问共享文件。电脑的主机名和 IP 地址可咨询技术人员，用户也可在连接无线 / 有线网络的状态下，将鼠标移至任务栏无线 / 有线网络的图标上查看电脑的 IP 地址。

02. 在访问共享文件的对话框中可选择匿名访问或注册用户访问。未加密的网络文件可以匿名访问，不需要输入用户名和密码，单击"连接"按钮，连接成功后即可访问共享文件，如图 6-28 所示。

03. 加密的网络文件需要进行登录，输入用户名和密码后才能访问。勾选"记住密码"，再次访问时将不再需要输入密码，单击"连接"，连接成功后即可访问共享文件，如图 6-29 所示。

图 6-28

图 6-29

> **提示：**
> 共享文件夹只能共享源文件，不能共享文件链接。

6.9.2　手机文件访问

有时需要将手机上的文件上传到电脑，或通过电脑来查看手机中的文件，此时需要先把电脑和手机连接起来。

　　用手机数据线的两端分别连接电脑和手机，手机自动弹出"USB 的用途"弹窗，用户可以选择传输文件或传输照片，这里以选择"传输文件"为例，如图 6-30 所示。

　　选择"传输文件"后在电脑上打开"计算机 -mtp"，文件夹中会显示手机的 SD 卡和内部存储设备，如图 6-31 所示。

　　双击"内部存储设备"，可以看到目录内容和手机中的目录内容不完全相同，这是因为电脑中显示的目录更全面，如图 6-32 所示。可以实现读写、复制、移动手机中的文件等操作。

图 6-30

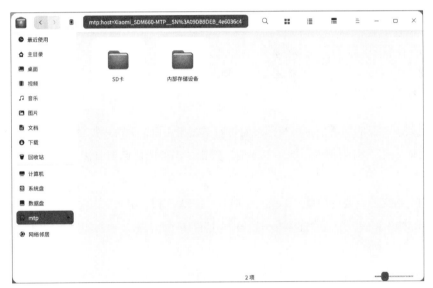

图 6-31

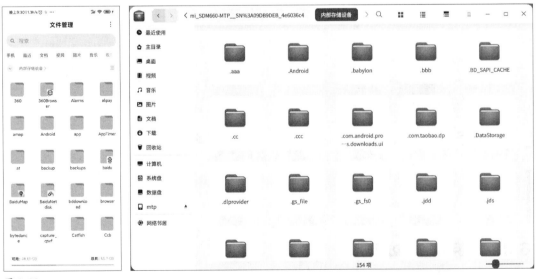

图 6-32

> **提示：**
> 该方法实现文件传输可能根据手机型号的不同会有所区别。

6.9.3　微信传输文件

随着移动客户端的发展，越来越多的人使用微信办公和学习，利用微信的"文件传输助手"可以实现手机和电脑上的文件互传。

01. 打开电脑的网页版微信，用手机微信扫码登录。

02. 登录后，找到"文件传输助手"，即可通过输入框在电脑与手机间传输文件，如图 6-33 所示。

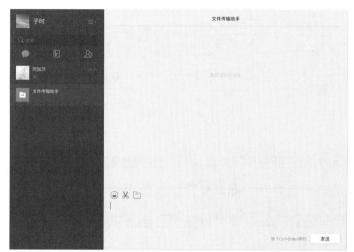

图 6-33

第**07**章

内容的输入、编辑和输出

输入文字内容，使用办公应用编辑文档，将整理好的文档打印出来或是刻录到光盘中进行保存是日常办公中的常见场景。同时，已有的纸质文档还可以扫描后输入电脑中，以电子文件的形式进行保存。

7.1 输入法管理

统信 UOS 自带的输入法支持中英文输入，可以通过输入法配置进行详细设置。

7.1.1 输入法配置

在启动器中可以找到输入法配置🖳，单击即可进入输入法配置界面，如图 7-1 所示。系统自带键盘、Sunpinyin 和五笔拼音共 3 种输入法，其中后两种是中文输入法。

在输入法配置页面选中其中一个输入法，单击左下角的 ⊟ 可以删除该输入法；单击左下角的 ⊞，在弹出框中选择某个输入法并单击"确认"可以添加该输入法，如图 7-2 所示；按快捷键"Ctrl+ 空格键"可以切换已添加的输入法。

图 7-1

图 7-2

> **提示：**
>
> 除了系统自带的输入法外，还可在应用商店中下载讯飞输入法，通过输入法配置添加，在使用输入法时可切换使用下载的输入法。

在"全局配置"选项卡下可以设置切换激活 / 非激活输入法与输入法切换键来修改切换输入法的快捷键。以修改"切换激活 / 非激活输入法"为例，单击该项后的快捷键，弹出提示框，在键盘上按下新的快捷键即可设置成功，如图 7-3 所示。

> **提示：**
>
> 使用输入法切换键切换输入法时需要勾选"启用输入法间切换"复选框，否则快捷键会失效。

图 7-3

7.1.2　输入法菜单

在任务栏右侧的输入法图标上单击鼠标右键，弹出输入法菜单。不同输入法状态下，图标会有所不同，输入法菜单也会有些不同，但是使用方法类似，下面以系统自带的 Sumpinyin 输入法为例详细讲解输入法菜单。

中文输入法状态下在任务栏的 Sumpinyin 图标上单击鼠标右键，弹出输入法菜单，在输入法菜单上可直接切换输入简体中文 / 繁体中文、全角字符 / 半角字符、全角标点 / 英文标点和显示 / 隐藏虚拟键盘。选择"输入法"可切换为其他在输入法配置中已添加的输入法，如图 7-4 所示。

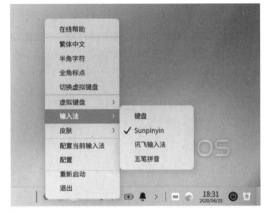

图 7-4

如果需要输入特殊字符或语言可选择"虚拟键盘"，根据需求选择不同的虚拟键盘，使用虚拟键盘进行输入。输入法配置应用支持的虚拟键盘包括俄文字符、平假名、片假名、制表符等，这里展示了制表符，如图 7-5 所示。在虚拟键盘的 上按住鼠标左键不放可将虚拟键盘拖曳到桌面的任何地方，防止键盘挡住界面。

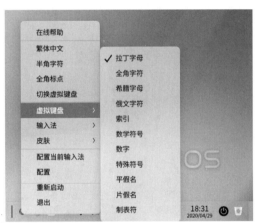

图 7-5

7.2　金山 WPS Office

金山 WPS Office 是由金山软件股份有限公司自主研发的一款办公软件套装，包含 WPS 文字、WPS 表格、WPS 演示这 3 个功能软件，可以实现文字处理、表格制作、幻灯片制作等多种功能。

7.2.1　WPS 文字

WPS 文字是一款提供专业的文档制作与处理功能的文字处理软件，具有编辑、排版、格式设置、文件管理、模板管理、打印控制等功能，用户借助于 WPS 文字能方便地完成日常办公。

1. 新建文件

在启动器中找到 WPS 文字，单击即可启动。要新建文件，有三种方法。第一种是单击标签栏上的"新建"按钮 ＋，在新建标签页下单击　　，如图 7-6 所示；第二种是在已经创建的文件上单击"文件—新建"；第三种是在已经创建的文件界面按快捷键"Ctrl+N"，即可快速创建新文件，如图 7-7 所示。

图 7-6

图 7-7

2. 打开文件

如果文件的默认启动程序为 WPS 文字，双击该文件即可打开。如果 WPS 文字处于打开状态，单击"文件—打开"选项、单击 ▭ 或按快捷键"Ctrl+O"均可弹出"打开"对话框，找到所需文件，选择文件，然后单击"打开"按钮，如图 7-8 所示，即可打开对应的文件。

3. 保存文件

单击"文件—保存"选项或按快捷键"Ctrl+S"可以保存文件。若要保存到其他位置，可以单击"文件—另存为"选项，在"另存为"对话框中，输入文件的新名称，然后选择保存位置和保存格式，最后单击"保存"按钮，如图 7-9 所示。

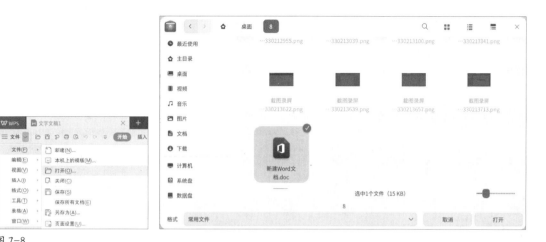

图 7-8

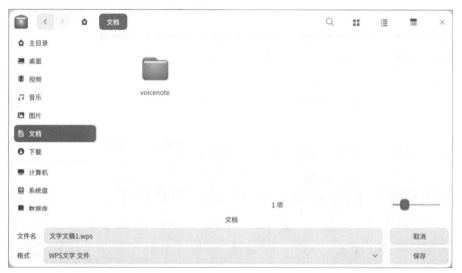

图 7-9

4．页面设置

　　单击"文件—页面设置"选项，弹出"页面设置"对话框，可设置合适的纸张方向，调整合适的页边距等，如图 7-10 所示。

5．插入页眉页脚

01．单击"视图—页眉和页脚"选项，进入页眉页脚编辑区域，双击这个区域也可以进入编辑区域，如图 7-11 所示。

02．如果需要在文档的首页添加特殊的页眉页脚，或不设置页眉页脚，可以在"页眉和页脚"选项卡下单击"页眉横线"右下角页面设置的扩展按钮，在弹出的"页面设置"对话框中，选择"版式"选项卡，勾选"首页不同"复选框，然后单击"确定"按钮。如

图 7-10

果需要在奇偶页上设置不同的页眉页脚，可以在"版式"选项卡中，勾选"奇偶页不同"复选框，然后单击"确定"按钮，如图 7-12 所示。

图 7-11

6. 插入表格

01. 在"插入"选项卡下单击"表格"，有三种方式可以插入表格，第一种是在下拉框中选择设置表格的行数和列数，选择后单击即可插入；第二种是单击"绘制表格"，当光标变为画笔时，直接在文档界面上拖曳鼠标绘制表格；第三种是单击"插入表格"，在弹出的"插入表格"对话框中选择表格的尺寸和列宽，单击"确定"按钮即可插入表格，如图 7-13 所示。

02. 插入表格后选项卡会自动跳转到"表格工具"选项卡，在该选项卡下单击"绘制表格"可以进入或取消绘制表格状态，对表格进行插入、删除等操作，还可以设置表格中文字的字体样式、对齐方式等，如图 7-14 所示。

图 7-12

图 7-13

图 7-14

7. 设置字符、段落样式

01. 选中需要设置的文本内容，在"开始"选项卡下可以更改字体、字形和字号等，单击"文件—格式—字体"，在弹出的"字体"对话框中可以对字体进行更详细的设置，如图 7-15 所示。

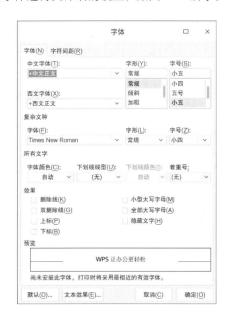

图 7-15

02. 选中需要设置的段落，在"开始"选项卡下可以为段落添加项目符号、设置对齐方式等，单击"文件—格式—段落"，在弹出的"段落"对话框中可以更详细地设置段落的缩进、段前和段后间距及行距等样式，如图 7-16 所示。

8. 设置样式和格式

　　在使用 WPS 文字编写文稿时，有时需要使用指定的字体及格式，如正文、标题、表格、链接等要求使用不同的字体、字号、行间距等，如果一个一个进行设置就会非常耗费时间，而使用样式和格式可以为不同内容设置统一的样式，在使用时一键即可设置好文字的字号、字体等，特别是在撰写长文档的时候，能在很大程度上提高撰写的效率。

01. 选中需要设置的文本内容，在"开始"选项卡下可以设置文字样式。单击新样式右下角的拓展按钮或单击"文件—格式—样式和格式"，在界面右侧会显示"样式和格式"任务窗格，方便用户设置字体样式，如图 7-17 所示。

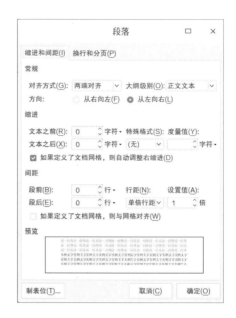

图 7-16

图 7-17

02. 设置的标题样式在 WPS 文字中会自动生成目录，在"视图"选项卡下单击"导航窗格"的拓展按钮，在弹出的下拉框中选择导航窗格显示的位置即可看到文档目录，这里选择"居左"，如图 7-18 所示。

03. 如果对样式有特殊需求的话还可以自定义样式，单击"开始"选项卡下的"新样式"，在弹出的"新样式"对话框中根据需求设置名称、样式类型等，单击"确定"按钮，设置的新样式会出现在"样式和格式"任务窗格中，如图 7-19 所示。

9. 设置边框和底纹

01. 选中需要设置的文本或段落，单击"文件—格式—边框和底纹"，弹出"边框和底纹"对话框，在"边框"选项卡下，更改线型、颜色等样式，在"应用于"列表中，选择应用于"段落"，如图 7-20 所示。

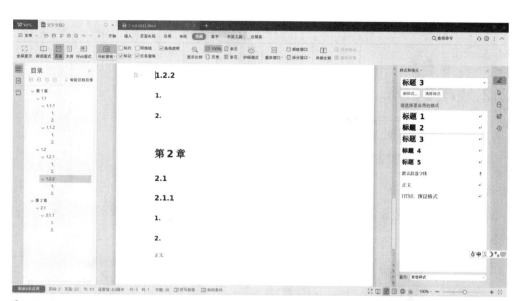

图 7-18

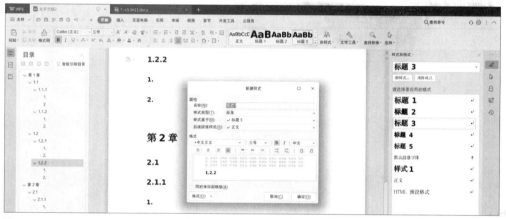

图 7-19

图 7-20

02. 选中需要设置的文本或段落，在"边框和底纹"对话框中的"底纹"选项卡下，更改填充颜色、图案等样式，在"应用于"列表中，选择应用于"段落"，如图 7-21 所示。

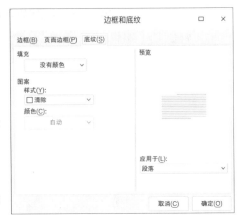

图 7-21

7.2.2　WPS 表格

WPS 表格可以用于处理数据、统计分析和辅助决策，可以生成精美直观的表格、图表，提高工作效率。

1. 新建、打开、保存文件

在启动器中找到 WPS 表格，单击即可启动，主界面如图 7-22 所示。

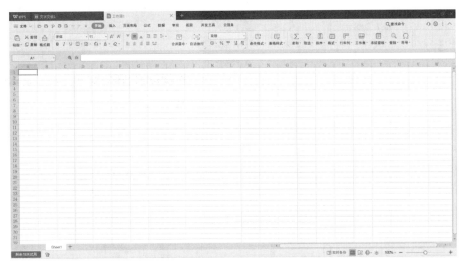

图 7-22

WPS 文字、WPS 表格和 WPS 演示的新建、打开和保存文件的操作是相似的，具体操作步骤可以参见 7.2.1 小节。

2. 插入函数

01. 以求和函数为例。单击要输入公式的单元格，再单击"公式—插入函数"选项，弹出"插入函数"对话框，在"或选择类别"下拉列表中选择"常用函数"，在"选择函数"窗口中选择"SUM"求和函数，如图 7-23 所示。

02. 单击"确定"按钮，弹出"函数参数"对话框，在"数值 1"框中输入"C3:E3"（求和的数值范围），如图 7-24 所示。

03. 单击"确定"按钮，将鼠标指针移到"F3"单元格的右下角，这时鼠标指针变为"+"，双击鼠标左键，即可完成此列的数据求和，如图 7-25 所示。

图 7-23

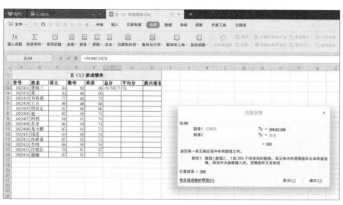
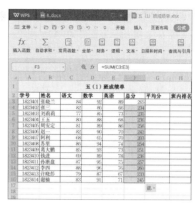

图 7-24　　　　　　　　　　　　　　　　　　　　图 7-25

3．设置单元格的边框和底纹

01．选中要设置边框的单元格，单击鼠标右键，在弹出的快捷菜单中单击"设置单元格格式"，在弹出的"单元格格式"对话框中选择"边框"选项卡，在"边框"选项卡下，可设置单元格有无边框及边框线条的样式和颜色，如图 7-26 所示。

图 7-26

02．在"单元格格式"对话框中选择"图案"选项卡，在"图案"选项卡下，可设置无图案的单色填充或选择带图案的底纹填充，如图 7-27 所示。

4．对数据进行排序处理

01．选中"A1:F15"单元格区域，单击"数据—排序"选项，弹出"排序"对话框，在"主要关键字"框的下拉列表中选择"总分"，排序依据选择"数值"，次序选择"降序"，如图 7-28 所示。

02．单击"确定"按钮，完成对数据从大到小的排序，如图 7-29 所示。

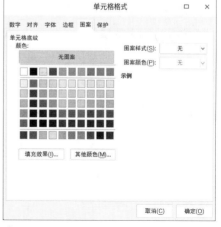

图 7-27

图 7-28 　　　　　　　　　　　　　　　　　　　　　　　　　图 7-29

5. 插入图表

01. 选中"B1:F15"单元格区域，单击"插入—图表"选项，弹出"插入图表"对话框，用户可以根据对数据处理的不同需求，选择不同的图表，这里选择柱形图中的"簇状柱形图"，如图 7-30 所示。

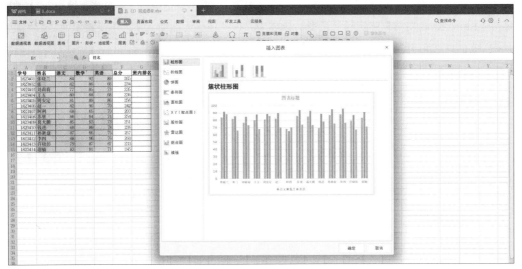

图 7-30

02. 单击"确定"按钮，生成图表，在图表上单击鼠标右键，在弹出的快捷菜单中单击"设置图表区域格式"命令，在窗口右侧出现的"属性"面板中可以更改"图表区""绘图区"的填充颜色、透明度和线条等样式，如图 7-31 所示。

图 7-31

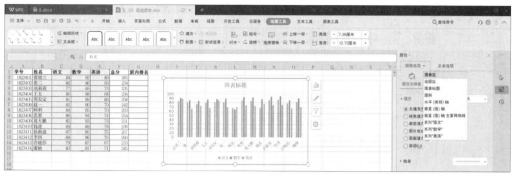

图 7-31（续）

7.2.3　WPS 演示

WPS 演示是一款用来表达文本和图像信息的软件，常用于制作视频、音频、图片、文字等结合的演示文稿。

1. 新建、打开、保存文件

在启动器中找到 WPS 演示，单击即可启动，主界面如图 7-32 所示。

图 7-32

WPS 文字、WPS 表格和 WPS 演示的新建、打开和保存文件的操作是相似的，具体操作步骤可以参见 7.2.1 小节。

2. 插入新幻灯片

01. 选择"幻灯片"选项卡下的一张幻灯片，然后按 Enter 键，或单击鼠标右键，在弹出的快捷菜单中单击"新建幻灯片"，即可创建一张新的幻灯片，如图 7-33 所示。

02. 在"设计"选项卡下，单击即可选择所需的设计模板。单击"版式"按钮，在下拉列表中选择所需版式，如标题幻灯片、仅标题、标题和文字等版式，如图 7-34 所示。

图 7-33

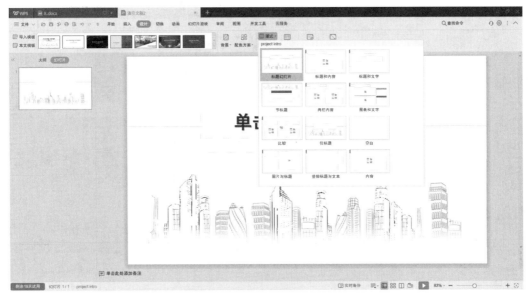

图 7-34

3．设置文字和段落格式

01. 单击"文件—格式—对齐方式"选项，在下拉菜单中选择字体的对齐方式，如图 7-35 所示。

图 7-35

02. 选中要更改字体的文本，单击"文件—格式—字体"选项，弹出"字体"对话框，在"字体"选项卡下，可以更改字体的字形、字号、下划线以及字体颜色等样式，如图 7-36 所示。

03. 选中要更改格式的段落，单击"文件—格式—段落"选项，弹出"段落"对话框，在"缩进和间距"选项卡下，可以设置段落的对齐方式、缩进、间距等样式，如图 7-37 所示。

4．自定义动画和幻灯片放映

01. 选中某个文本框，单击"动画—自定义动画"选项，右侧会出现"自定义动画"窗口，在"添加效果"下拉菜单中选择需要设置的动画效果，如图 7-38 所示。

02. 单击"幻灯片放映—从头开始／从当前开始"选项，幻灯片即可从第一页或当前页开始放映，按 Esc 键退出放映，如图 7-39 所示。

图 7-36

图 7-37

图 7-38

图 7-39

7.3 文档查看器

文档查看器 可查阅多种格式（如 PDF、PostScript 等）的文档，可快速且直观地浏览存储在电脑上的文档，具有页面缩放、页面旋转、查找文本和打印文档等功能。

01. 在启动器中找到文档查看器，单击即可启动，主界面如图 7-40 所示。

图 7-40

02. 单击"选择文件"，在弹出的对话框中选择要打开的 PDF 文件，然后单击"打开"按钮，或直接将 PDF 文件拖曳到文档查看器界面上，即可打开 PDF 文件。

03. 单击 在界面左侧展开整个文档的缩略图，在左下角输入框中输入页数后按 Enter 键可以直接跳转到指定页，单击 和 可以进入上一页或下一页，单击 可以查看或添加标签，单击 可以查看文档中的批注，再次单击 可以收回缩略图，如图 7-41 所示。

图 7-41

04. 单击 可以调整页面视图大小、方向，设置为双页面显示等，如图 7-42 所示。

05. 单击 ▷ 可以切换光标的状态，分为选择工具和手形工具，手形工具状态下可以拖动页面，查看整个文档，如图 7-43 所示。

06. 选择工具状态下可以选中文字，单击鼠标右键，选择"复制"，可将文字复制到剪贴板中，如图 7-44 所示。

图 7-42

图 7-43

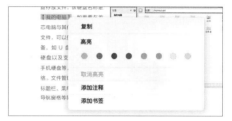

图 7-44

07. 对于文档中比较重要的内容，可在选择工具状态下选中文字，单击鼠标右键选择"高亮"下的某个颜色，将文字高亮显示，如图 7-45 所示。

08. 如果对于文档中某些内容有些新的想法想要记录下来，可以选择"添加注释"，在弹出的悬浮窗中输入文字，单击页面空白处即可添加注释，同时文字会自动高亮显示，当光标移动到添加注释的文字上时会在悬浮窗中展示注释的内容，如图 7-46 所示。

图 7-45

图 7-46

09. 在文档阅读到一半时添加"书签"，界面右上角会显示书签的标记，下次打开文档时可以通过书签进行快速定位，如图 7-47 所示。

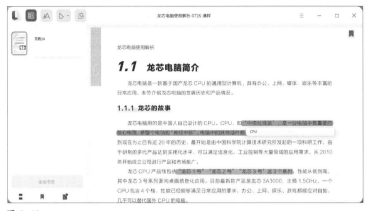

图 7-47

10. 单击 ⬚ 可以使用放大镜查看文字，如图 7-48 所示。

11. 按住 Ctrl 键并滑动鼠标滚轮，可以使文档页面放大或缩小。

12. 单击文档查看器界面右上角的"主菜单 ≡ —文档信息"可以查看文档信息，如图 7-49 所示。

图 7-48

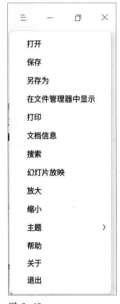

图 7-49

13. 单击文档查看器界面右上角的"主菜单—搜索"可以通过文字或语音输入查找文档中的内容，如图 7-50 所示。

  类似地，在文档查看器的主菜单中还可以进行打开、保存、另存为、幻灯片放映、放大、缩小等操作。

图 7-50

7.4 光盘刻录

　　龙芯电脑连接光盘刻录机（可读写的光驱）后可以将文档、图片、视频等数据文件刻录到光盘上进行存储。连接光盘刻录机后，可在文件管理器中直接进行刻录或使用 Brasero 进行刻录。

7.4.1 直接刻录

　　将刻录机连接上电脑，系统会自动进行识别，打开计算机后可在磁盘下方看到连接的刻录机，如图 7-51 所示。

　　将光盘放入刻录机，待系统识别后，刻录机名称变为光盘的名称，打开后如图 7-52 所示。在界面上方显示光盘可用空间，下方显示光盘中文件数量。

图 7-51

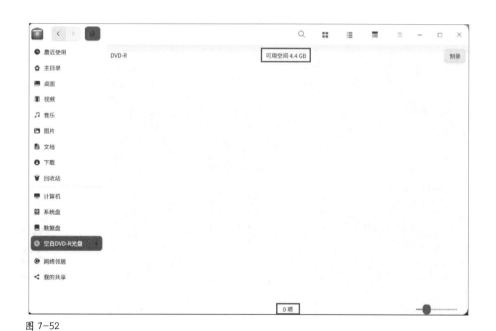

图 7-52

　　将想要刻录的文件粘贴到识别的空白光盘中，文件在界面中为浅色状态，在文件上单击鼠标右键可选择将其删除。确定想要刻录的文件后，单击"刻录"按钮，如图 7-53 所示。

　　在弹出的提示框中可修改光盘名称，方便使用时识别光盘，勾选"允许追加数据"复选框，在刻录完成后，该光盘还可刻录其他文件；勾选"弹出"复选框，刻录完成后光盘自动弹出刻录机，单击"刻录"按钮开始刻录，直至刻录完成，如图 7-54 所示。

图 7-53

图 7-54

7.4.2 使用 Brasero 刻录

Brasero 界面设计简单，使用该应用能够快速地刻录光盘。在 Brasero 中可以刻录音频、数据、视频项目，还可以复制光盘，刻录镜像文件，本节主要讲解如何使用 Brasero 刻录数据项目、复制光盘和刻录镜像。

1. 数据项目

通过数据项目刻录文件可以刻录只能在电脑上被读取的任何形式的数据。

01. 打开 Brasero 后，单击"数据项目"，如图 7-55 所示。

02. 在新建数据光盘项目界面中单击"添加"按钮 + 或将文件拖曳到界面上添加文件；选中文件后可选择"删除"按钮 — 或按 Delete 键删除文件；确定要刻录的文件后，单击"刻录"按钮，如图 7-56 所示。

图 7-55

图 7-56

03. 如果在弹出的对话框中勾选"不关闭盘片以稍后添加另外的文件"复选框，能够保证光盘保持

"开放"的状态；如果不勾选，盘片将被"关闭"，不能追加刻录新的文件。单击"刻录"按钮，开始刻录，如图 7-57 所示。

04. 如果光盘上有已经刻录的文件，还会弹出如图 7-58 所示的对话框。单击"导入"按钮，刻录机开始刻录直至刻录完成。

图 7-57

图 7-58

2. 复制光盘

　　使用 Brasero 可将一张光盘上的文件复制到另一张光盘上。

01. 单击图 7-55 中的"复制光盘"，在弹出的"复制 CD/DVD"对话框中，使用默认设置即可，单击"复制"按钮，如图 7-59 所示。

02. 弹出正在复制的对话框，显示复制进度和速度，如图 7-60 所示。

03. 复制完成后提示需要更换光盘为可写的 CD 或 DVD 光盘，根据提示放入新的光盘后刻录机自动开始刻录，直至刻录完成，如图 7-61 所示。

图 7-59

图 7-60

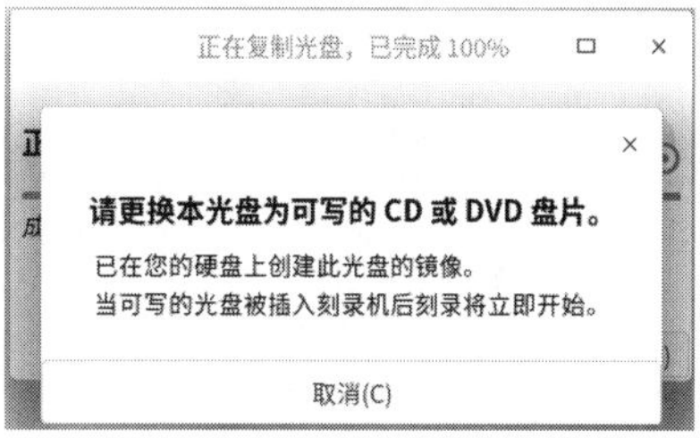

图 7-61

3. 刻录镜像

　　刻录光盘镜像是包含了一张 CD 或 DVD 上所有数据的档案文件，一般扩展名为 .iso、.toc、.cue 等。Brasero 可以将光盘镜像刻录到 CD 或 DVD 上。

01. 单击图 7-55 中的"刻录镜像"，弹出"镜像刻录设置"对话框，如图 7-62 所示。

02. 根据提示选择一个光盘镜像文件后，此时在"镜像刻录设置"对话框中可以看到镜像文件的大小以及刻录镜像后光盘的空余空间，单击"刻录"按钮即可开始刻录直至刻录完成，如图 7-63 所示。

图 7-62

图 7-63

7.5 打印和扫描

龙芯电脑连接打印机和扫描仪并安装驱动后可实现打印和扫描。

7.5.1 连接打印机

打印机可通过 USB 数据线或内网连接到龙芯电脑。连接了打印机后用户可以使用统信 UOS 预装的打印机管理器▣来快速添加打印机及安装驱动。打印机管理器是一款管理打印设备的工具，界面可视化，操作简单，可同时管理多个打印机。在打印机管理器中可通过自动查找、手动查找、URI 查找等方式来添加打印机，通常使用自动查找即可添加打印机，下面对自动查找添加打印机进行详细介绍。

01. 在启动器中找到打印机管理器▣，单击即可运行，在未配置打印机的情况下界面如图 7-64 所示。

02. 在打印管理器界面，单击 ⊞，在弹出界面中选择自动查找，单击"刷新"按钮 ◌ 加载出打印机列表，选择需要添加的打印机。选好打印机后，加载出驱动列表，选择默认推荐的打印机驱动，单击"安装驱动"按钮，如图 7-65 所示。

图 7-64

图 7-65

03. 提示安装成功，可以单击"打印测试页"按钮，查看是否可以正常打印；或单击"查看打印机"按钮，进入打印机管理界面，如图 7-66 所示。

04. 已经成功添加的打印机会显示在打印机管理界面，选择对应的打印设备，可设置打印机属性，通过打印队列可查看未进行的、进行中的和已完成的打印任务，通过打印测试页可查看打印机是否连接成功，如果打印机出现异常还可以进行故障排查，如图 7-67 所示。

图 7-66

图 7-67

7.5.2　金山 WPS Office 的打印功能

在日常办公时，经常需要用办公软件制作表格与文档，记录生产数据和资料，有时还需要将文件打印出来，以 WPS 文字为例讲解打印操作。

打开需要打印的 WPS 文件，单击"文件—打印"选项，如图 7-68 所示。

在弹出的"打印"对话框中，如果勾选"手动双面打印"复选框，打印时会先打印出奇数页，打印完成后，手动将纸翻面，再单击"确定"按钮，会继续打印偶数页。如果勾选"反片打印"复选框，打印时需要专用的纸张和打印机支持，可以打印出以"镜像"效果显示的文字。在页码范围下可修改打印范围为"当前页"，勾选"所选内容"复选框可打印当前页所选内容；勾选"页码范围"复选框，可在后面输入框中输入想要打印的页码范围。如果想要将文档打印多份还可修改打印份数，如图 7-69 所示。

图 7-68

图 7-69

同样，还可设置并打顺序、并打和缩放等。在使用并打和缩放功能时，需要取消勾选"手动双面打印"复选框，因为当勾选"手动双面打印"复选框时，并打和缩放功能不可用。

设置完成后，单击"确定"按钮即可完成打印。

WPS 表格、WPS 演示与 WPS 文字的打印操作是相同的，三者的打印设置属性也相同。

7.5.3　文档查看器和数科阅读器打印

文档查看器支持打开 PDF 文档、DVI 文档、Comic Book 文档和 Postscript 文档等。数科阅读器支持打开 OFD 文档、PDF 文档以及 SFD 文档。这里以打印 PDF 文档和 OFD 文档为例，介绍文档查看器和数科阅读器的打印。

1. 打印 PDF 文档

01. 使用文档查看器打开一个 PDF 文档，单击"主菜单 ≡—打印"选项，如图 7-70 所示。

图 7-70

02. 进入打印预览界面，查看打印效果，单击 ，如图 7-71 所示。

图 7-71

03. 弹出打印对话框，单击"打印"按钮即可完成打印，如图 7-72 所示。

2. 打印 OFD 文档

01. 使用数科阅读器打开一个 OFD 文档，如图 7-73 所示。

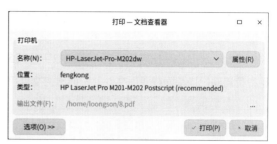

图 7-72

图 7-73

02. 单击"打印"按钮 █，弹出"打印"对话框，如图 7-74 所示。缩放模式指的是将当前文档以比实际设置的纸张更小的纸型进行打印。如果勾选"灰度打印"复选框，则可将全部输出内容按照灰阶的颜色输出；如果勾选"文字黑色打印"复选框，则可将彩色文字打印为黑色文字。根据需要完成设置后，单击"打印"按钮即可完成打印。

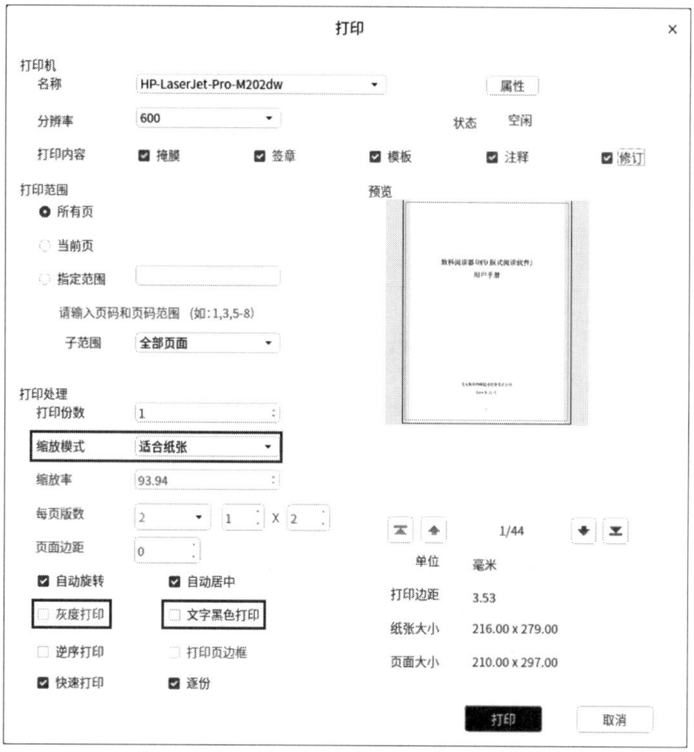

图 7-74

7.5.4 Scanux Base 扫描软件

Scanux Base 扫描软件 （紫光数字化安全采集系统）是一款扫描应用，与紫光扫描仪配套使用，可自动扫描单面或双面文件。扫描出的文件可导出为 .jpg、.bmp、.pdf 和 .ofd 格式文件。

> **提示：**
> 　购买紫光扫描仪后，相关技术人员会提供安装驱动服务，用户只需要连接扫描仪即可使用。

01. 连接扫描仪后，打开紫光数字化安全采集系统，选择连接的扫描仪，单击"确定"按钮，如图 7-75 所示。

02. 进入设置界面，可根据实际情况自定义文件格式和命名格式，如图 7-76 所示。扫描完成后，文件自动保存到保存路径中设置的位置。

03. 单击"参数"按钮，在参数界面可进行一些基础设置，如扫描源可设置 图 7-75

为平面、ADF（自动输稿器）单面和 ADF 双面；颜色模式可设置为彩色、灰度、黑白和多流输出；根据情况还可修改输出的纸张大小，其他参数一般情况下使用默认设置即可，如图 7-77 所示。

图 7-76

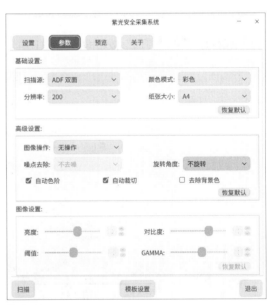

图 7-77

04. 单击"预览"按钮，在预览界面单击"预览扫描"按钮可预览扫描后的效果，界面左侧会显示已设置的文件格式和参数设置，如果对预览效果不满意可返回设置界面和参数界面进行修改，如图 7-78 所示。

05. 完成参数设置后单击界面左下角的"扫描"按钮，在弹出的对话框中显示已扫描页数和已处理页数，可单击"取消扫描"按钮取消扫描，如图 7-79 所示。

图 7-78

06. 扫描完成后对话框显示总扫描页数和总处理页数，单击"确定"按钮，即可完成扫描，如图 7-80 所示。在设置的保存路径中可找到扫描后的文件。

图 7-79

图 7-80

第08章

上网

随着电脑的普及和网络的发展，上网已经成为人们生活中不可或缺的一部分。本章主要介绍网络连接、浏览器、百度网盘、邮箱和微信等常见应用的基本操作。

8.1 网络连接

电脑需要连接网络，才可以进行接收邮件、浏览新闻、下载文件等操作，在控制中心用户可以根据个人情况选择不同的网络连接方式，如图 8-1 所示。

图 8-1

> **提示：**
> 单击任务栏托盘区的无线网络图标，即可查看当前网络状态。

8.1.1 连接有线网络

有线网络安全快速稳定，是最常见的网络连接方式之一。设置好路由器后，需要把网线两端分别插入电脑和路由器，才能连接有线网络。

01. 将网线一端插入电脑上的网络插孔，另一端插入路由器或网络端口。

02. 在控制中心首页，单击"网络"按钮 ，选择"有线网络"，进入有线网络设置界面，打开"有线网卡"，开启有线网络连接功能，如图 8-2 所示。

当网络连接成功后，桌面将弹出"已连接有线连接"的提示信息。

8.1.2 连接无线网络

无线网络可以摆脱线缆的束缚，相比有线网络更加灵活，并且支持更多设备使用，是一种常用的联网方式。连接无线网络的方法与连接有线网络的方法类似。

01. 在控制中心网络设置界面，单击"无线网络"，进入无线网络设置界面。

02. 打开"无线网卡"，开启无线网络连接功能，电脑会自动搜索并显示附近可用的无线网络，如图 8-3 所示。

图 8-2

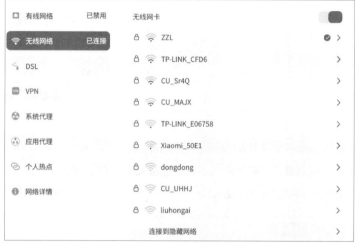

图 8-3

无线网络有两种，一种是开放的，另一种是加密的。如果某一无线网络是开放的，系统会自动连接到该网络；如果网络是加密的，需要根据提示输入密码，然后系统自动完成连接，下次打开"无线网络"后，系统会自动连接上输入过密码的无线网络。

8.1.3　VPN

VPN 即虚拟专用网络，其主要功能是在公用网络上建立专用网络进行加密通信。无论是在外地出差还是在家中办公，只要可以上网就能利用VPN 访问内网资源。在控制中心中可通过新建或导入的方式来连接 VPN。

01. 在控制中心网络设置界面，单击"VPN"，进入 VPN 设置界面，如图 8-4 所示。

02. 单击"添加 VPN"按钮●，选择 VPN 类型，并输入名称、网关、用户名、密码选项等信息，

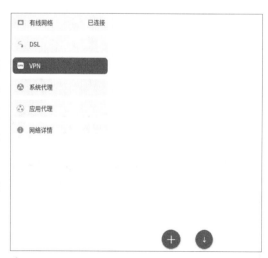

图 8-4

如图 8-5 所示。

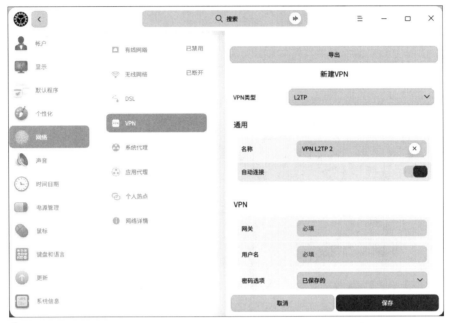

图 8-5

03. 单击"保存"按钮，系统将自动尝试连接 VPN 网络。

04. 单击"导入 VPN"按钮 ⬤，在弹出的对话框中选择 VPN 文件，单击"打开"按钮，系统会自动填充信息并尝试连接 VPN 网络，如图 8-6 所示。

图 8-6

在添加 VPN 界面可以将 VPN 设置导出备用或共享给其他用户。

说明：

  在新建 VPN 界面上打开"仅用于相对应的网络上的资源"开关，VPN 将不被设置为默认路由，只在特定的网络资源上生效。

8.1.4　通过 USB 连接手机网络

有时电脑可能无法接收到网络信号，但是又需要连接网络，此时可以通过 USB 连接手机网络。不同手机的"USB 共享网络"的查找路径可能不一样，这里以 OPPO K3 型号的手机为例进行讲解。

手机确保在联网状态下，用手机数据线连接龙芯电脑和手机，在手机上打开"设置"，单击"其他无线连接"，打开"USB 共享网络"电脑即可连接上网络，如图 8-7 所示。

图 8-7

8.2　通过浏览器遨游网络

龙芯电脑支持多款浏览器，包括统信 UOS 浏览器、龙芯浏览器和 360 浏览器等，用户可以根据自己的使用习惯选择其中一个。

8.2.1　统信 UOS 浏览器简介

统信 UOS 浏览器是操作系统预装的一款高效稳定的网页浏览器，有着简单的交互界面，包括地址栏、菜单栏、标签页、下载管理等功能，如图 8-8 所示。

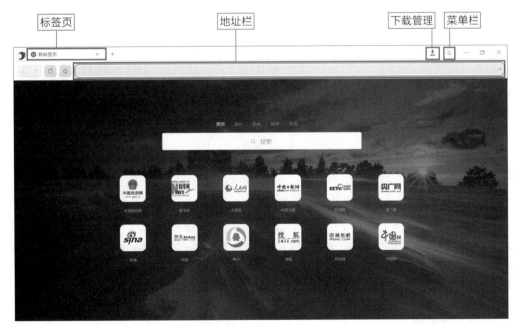

图 8-8

统信 UOS 浏览器中各功能的详细介绍如下。

● 标签页：可以使用多标签浏览的方式，以新标签的方式打开网站页面。

● 地址栏：用于输入网站地址，浏览器通过识别地址栏中的信息，正确连接用户要访问的内容。地址栏的前方附带了常用命令的快捷按钮，包括前进、后退、刷新和返回主页。

● 下载管理：可以将网页中下载的文件、图片保存到电脑或设备，下载的文件将保存在默认的下载位置。

● 菜单栏：包含控制浏览器工作的相关选项，主要是浏览器的所有操作与设置功能，包括打开新的标签页、打开新的窗口页、历史记录、管理收藏夹等功能。

8.2.2 龙芯浏览器简介

龙芯浏览器是一款集多种功能于一身的网页浏览器，使用龙芯浏览器可以快速查看网络上的文字、图片、视频、影音等资源。浏览器不仅支持多标签页浏览、下载网络资源、查看浏览网页历史记录、收藏常用网站，还支持创建隐私浏览窗口、打印网页、查看源代码等功能，能够充分满足用户的多种需求。

在启动器中可以找到龙芯浏览器，单击即可打开，浏览器界面如图 8-9 所示。

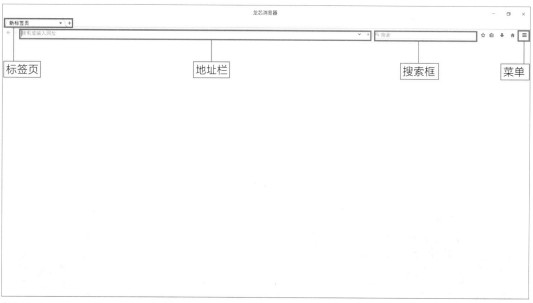

图 8-9

龙芯浏览器中的图标说明如表 8-1 所示。

表 8-1

图标	说明	图标	说明
←	单击转到上一页，右键单击显示浏览历史	📋	查看书签
ⓘ	显示网站信息	⬇	显示进行中的下载进度
∨	显示浏览历史	⌂	进入主页
→	转到地址栏中指向的地址	≡	打开菜单
☆	为当前页添加书签		

龙芯浏览器中各功能介绍如下。

● 标签页：可以用多标签的方式浏览多个网页。

● 地址栏：输入网址后按 Enter 键即可访问对应网站。

● 搜索框：输入搜索内容，按 Enter 键即可进行搜索。

● 菜单：包括浏览器中的所有功能，如历史记录、打印、全屏等功能。

8.2.3　360 安全浏览器简介

360 安全浏览器是一款基于 Chrome 内核的浏览器，打开网页、浏览视频等很流畅。同时它拥有全国最大的恶意网址库，采用恶意网址拦截技术，可自动拦截恶意网址。

在应用商店可以下载 360 安全浏览器，下载完成后在启动器中可以找到应用，单击即可打开，浏览器图标如图 8-10 所示。打开 360 安全浏览器后看到的是 360 导航主页，在搜索栏的上方单击可以切换搜索网页、资讯、视频、图片等内容，单击下面的导航链接可以直接跳转到对应网站。

图 8-10

8.3 使用百度网盘传输或下载

百度网盘是一款网络云备份存储工具，用户可以将一些较大的文件上传到百度网盘，百度网盘可以实现好友之间文件的共享、上传和下载，龙芯电脑支持百度网盘网页版，用户可以在网页版上使用百度网盘的所有功能。

8.3.1　利用百度网盘向好友传输文件

01. 在浏览器中打开百度网盘网页版，登录个人账号，选中想要分享的文件，单击分享图标 ⤳ ，如图 8-11 所示。

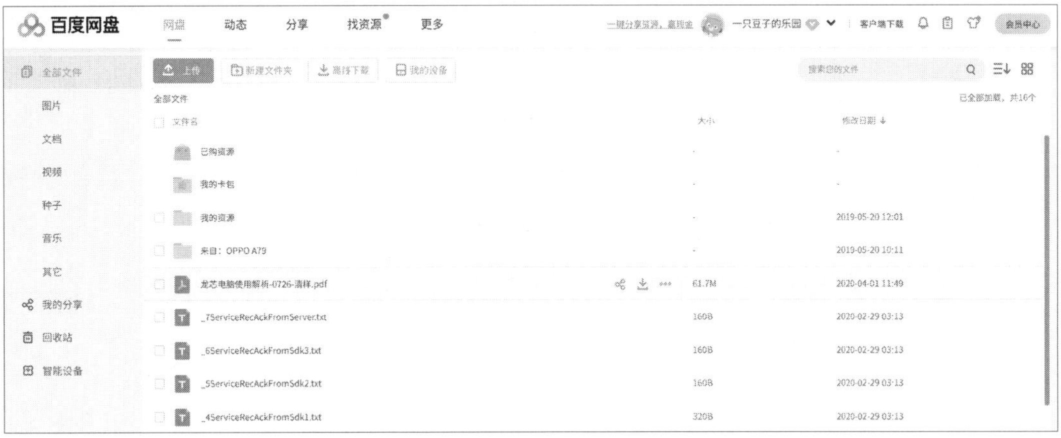

图 8-11

02. 选择"链接分享"，默认选择"有提取码"，选择分享文件有效期，单击"创建链接"按钮，如

图 8-12 所示。

03. 显示成功创建链接后，单击"复制链接及提取码"按钮，复制完成后可通过微信或 QQ 等把链接发送给好友，如图 8-13 所示。

04. 选择"发给好友"，可选择多个好友同时分享，选择完成后单击"分享"按钮，如图 8-14 所示。

05. 分享成功后，可在与好友的对话界面中看到相应的分享内容。

图 8-12

图 8-13

图 8-14

8.3.2 利用百度网盘下载好友分享的文件

01. 打开百度网盘的"分享"列表，找到好友分享的文件，单击下载图标 ，如图 8-15 所示。

图 8-15

02. 弹出输入验证码对话框，输入验证码后单击"确定"按钮，即可开始下载文件。

03. 文件下载完成后自动弹出下载管理界面，如图 8-16 所示。单击下载管理器界面中下载文件右侧的文件图标 进入文件下载的位置，可查看下载的文件。

图 8-16

8.3.3　利用百度网盘下载文件

01. 收到下载链接后，如图 8-17 所示，先复制链接到浏览器中，打开后，输入正确的提取码，单击"提取文件"按钮，如图 8-18 所示。

图 8-17

图 8-18

02. 可选择将文件保存到自己的网盘或下载到本地，如图 8-19 所示。

图 8-19

> **提示：**
> 在网页上通过百度网盘只能下载比较小的文件。

8.4　雷鸟邮件

龙芯电脑提供 Linux Thunderbird 邮件 / 新闻（雷鸟邮件）客户端，在该应用上用户可以登录任意的第三方邮箱，如 163 邮箱、QQ 邮箱等，方便地使用邮箱。

Thunderbird 邮件 / 新闻的界面和使用方法与 Outlook、Foxmail 等应用非常相似，很容易上手使用。下面以登录 163 邮箱为例介绍 Thunderbird 邮件 / 新闻的使用方法。

> **提示：**
> 如果在确保邮箱账号和密码正确的情况下无法登录邮箱，可在第三方邮箱设置界面对邮箱进行配置，由于每个公司的邮箱配置不同，具体配置方法可咨询本单位的相关人员。

在启动器中找到 Thunderbird 邮件 / 新闻，单击即可启动，单击"电子邮件"按钮，在图 8-20 所示的对话框中输入你的名字、电子邮件和密码，可登录账户。

图 8-20

8.4.1 邮件收发

在邮箱首页单击"编写"按钮，弹出撰写邮件的对话框，填写邮件发至的邮箱，输入邮件主题和邮件内容。邮件内容可修改文本样式、字体大小、粗细、颜色等属性，还可插入链接、图片、表格等元素，通过右上角的"附加"按钮还可添加文件，撰写的邮件在发送前还可选择将其保存为草稿或模板，如图 8-21 所示。

图 8-21

在已发送消息列表中可查看已发送的邮件，如图 8-22 所示。

图 8-22

可在收件箱中查看收到的邮件并回复，或将邮件转发给其他人，如图 8-23 所示。如果是无用的邮件可选择将其删除，删除的邮件可在废件箱中找到。

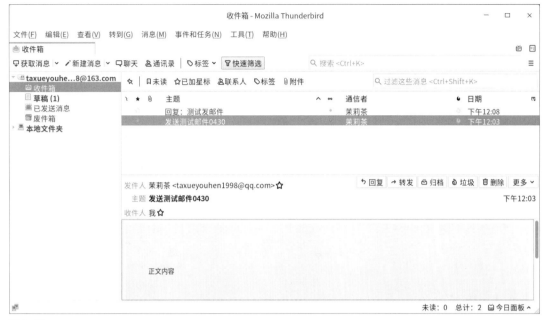

图 8-23

8.4.2　高级设置

1．抄送和密件抄送

　　发送邮件时可同时设置邮件抄送和密件抄送。抄送是指将邮件同时发送给收件人以外的其他人，收件人可以看见抄送接收人的邮箱地址。而密件抄送时收件人看不到抄送接收人的邮箱地址，可以保护各个收件人的地址不被其他人轻易获得，如图 8-24 所示。

图 8-24

2．个性化签名

　　单击"账户设置"，在"账户设置"对话框中可设置账户的签名文字或添加一个文件作为签名。个性化签名对于个人而言可展示个人基本信息，而对于企业而言能展示企业的统一性、整体性和规范性，如图 8-25 所示。

图 8-25

8.4.3　邮件礼仪

邮件是日常办公中不可或缺的一种交流方式，规范地使用邮件，了解邮件使用的礼仪，对有效沟通、提高工作效率有着重要的作用。下面从什么样的内容适合使用邮件沟通以及写邮件时的注意事项来简单介绍邮件礼仪。

发邮件前，需要考虑内容是否适宜用邮件发送。邮件适合比较正式的、书面的工作内容，如工作报告、部门之间事务往来、通知、难以简单用口头表达说明清楚的其他事务等。

在写邮件时，标题和内容要注意如下事项。

邮件标题不宜过长，要简练、清晰、明确，能引起收件人的注意，让收件人知其所以然。同时要包含邮件的主要内容，展示内容的重要性。对外邮件标题应写明出处。

邮件开头要称呼收件人，有问候语，如发送给多人可称呼各位、大家等。正文一般使用默认字体，若收件对象为陌生人，应先表明身份，可以是代表的企业名或个人姓名，具体身份根据邮件的目的而采用。正文应简明扼要，可用列表清晰列出观点或事项；合理提示重要信息，可用加粗或红色字体，但尽量保证页面简洁，不影响查阅；邮件结尾需要表明发件人身份，正式邮件需要落款，包括企业名称、发件人职位名称和时间等。

8.5　微信

微信是腾讯公司推出的一个为智能终端提供即时通信的免费应用。微信支持跨通信运营商、跨操作系统平台免费发送语音、视频、图片和文字等。

01. 在浏览器中搜索"微信网页版"，进入微信网页版登录界面，如图 8-26 所示。

02. 使用电脑登录微信时，需要手机微信授权，授权登录后进入微信网页版主页面，主页面左侧从左到右的图标依次代表聊天、阅读、通讯录，如图 8-27 所示。单击"聊天"选项卡，会出现聊过天的好友列表；单击"阅读"选项卡，会出现用户所关注的公众号最近的文章；单击"通讯录"选项卡，会出现用户添加的联系人和关注的公众号等。微信网页版的聊天功能支持发送文字、表情以及传输文件。

图 8-26

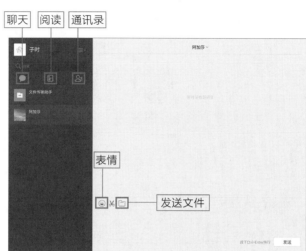

图 8-27

第09章

常用应用

随着电脑技术的发展，用户经常需要使用与工作和生活相关的多媒体应用和实用应用进行查看图片、播放视频、截屏录屏等操作。本章主要介绍统信 UOS 中预装的一些常用多媒体应用和实用应用。

9.1 多媒体应用

为了满足用户的使用需求，龙芯电脑提供了多种多媒体应用，包括相册、看图、音乐、影院和茄子摄像头。

9.1.1 相册

相册是一款外观时尚、性能流畅的图片管理工具，支持查看、管理多种格式图片。支持查看的图片格式包括 BMP、GIF、JPG、PNG、PBM、PGM、PPM、XBM、XPM、SVG、DDS、ICNS、JP2、MNG、TGA、TIFF、WBMP、WEBP、PSD、PDF 和 EPS。在相册中可以按日期时间线排列图片，还可以将图片添加到个人收藏，或归类到不同的相册中，高效管理图片。

在启动器中找到相册 ，单击即可打开，界面如图 9-1 所示。

图 9-1

单击"导入相册"按钮或直接将图片拖曳到界面上即可将一张或多张图片导入到相册中，默认显示所有导入相册的图片，如图 9-2 所示。通过界面右下角的滑块可以将图片的预览视图放大或缩小。

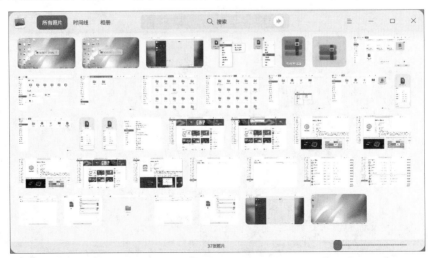

图 9-2

单击界面标题栏的"时间线"，图片将按照时间线进行排列，如图 9-3 所示。

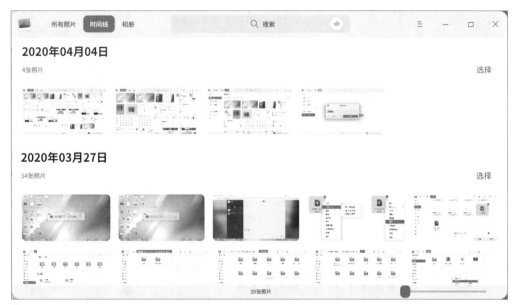

图 9-3

单击界面标题栏的"相册"可以查看已导入的图片、最近删除的图片和收藏的图片，如图 9-4 所示。单击相册列表右侧的 ⊕，可以新建相册，将图片分类到各个相册中，管理相册中的图片。

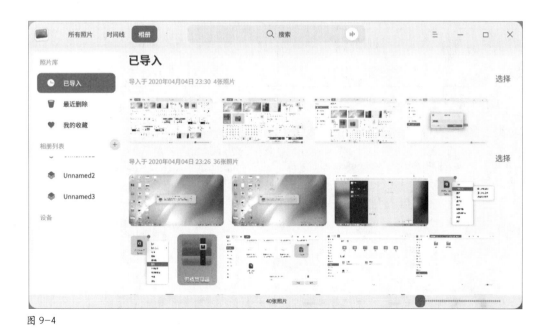

图 9-4

双击图片预览图可以查看图片，单击界面下方显示的图片预览图可以切换查看其他图片，如图 9-5 所示，界面按钮介绍如表 9-1 所示。

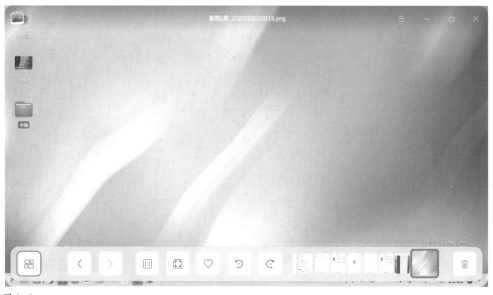

图 9-5

表 9-1

图标	说明	图标	说明
🔳	返回相册	♡	收藏
‹	查看上一张图片	↺	逆时针旋转
›	查看下一张图片	↻	顺时针旋转
⑴⑴	1：1视图	🗑	删除
⛶	适应窗口显示		

在图片上单击鼠标右键选择"照片信息"，在弹出的对话框中可以查看图片的信息，包括照片名称、照片类型、文件大小、照片尺寸、修改日期，如图 9-6 所示。

图 9-6

类似地，在图片上单击鼠标右键还可以选择将图片全屏显示、幻灯片放映、添加到相册、导出到指定文件夹、设为壁纸、在文件管理器中显示等。

9.1.2 看图

看图  是一款小巧的图片查看应用，支持多种图片格式，特点是实用快捷。

在启动器中找到看图，单击即可打开，如图 9-7 所示。

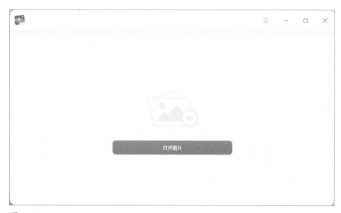

图 9-7

单击界面上"打开图片"按钮即可查看图片，单击界面下方显示的图片预览图可以切换查看其他图片，如图 9-8 所示。界面图标功能与相册一致，如表 9-1 所示。

图 9-8

在图片上单击鼠标右键可以选择将图片全屏显示、复制、删除等，如果电脑连接了打印机还可以选择打印图片，如图 9-9 所示。

9.1.3 音乐

音乐 是 UOS 预装的一款音频播放器，专注于本地音乐播放，为用户提供全新的界面设计、极致的播放体验，同时还具有扫描本地音乐、歌词同步等

| 全屏 |
| 打印 |
| 复制 |
| 删除 |
| 顺时针旋转 |
| 逆时针旋转 |
| 设为壁纸 |
| 在文件管理器中显示 |
| 图片信息 |

图 9-9

功能。

1. 打开音频文件及界面介绍

图 9-10

音乐可以在启动器中找到，单击即可运行。按快捷键"Ctrl + Shift+？"可以查看使用音乐相关的快捷键。熟练地使用快捷键，可以很大程度上提升使用应用的体验，如图 9-10 所示。

如果是第一次进入音乐需要先添加音乐文件，如图 9-11 所示。

图 9-11

添加音乐的方法有 4 种，第一种是在音乐界面单击"导入文件夹"，在弹出的对话框中选择音乐文件；第二种是单击"扫描"，应用自动扫描电脑上的音乐文件；第三种是直接拖曳文件夹到音乐界面；第四种是单击界面右上角的"主菜单" ≡，选择"添加音乐"，在弹出的对话框中选择音乐文件，添加音乐文件后界面如图 9-12 所示。

通过音乐界面的按钮可以进行常规的播放、查看播放列表、查看歌词信息等操作，界面说明如表 9-2 所示。

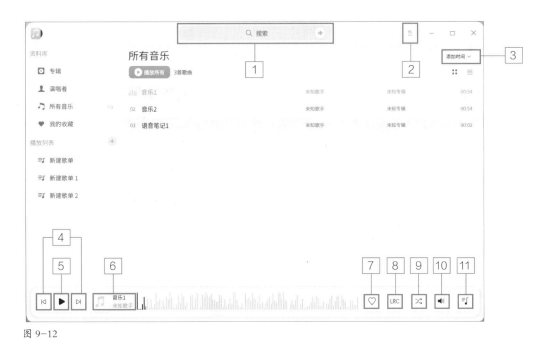

图 9-12

表 9-2

标号	名称	说明
1	搜索框	可以通过搜素框快速查找音乐
2	主菜单	通过主菜单可以新建歌单、添加音乐、设置音乐、查看帮助手册、关于音乐、退出音乐
3	排序方式	可以对音乐文件列表进行排序，排序方式包括添加时间、歌曲名称、歌手名称、专辑名称。 默认按添加时间排序
4	上一首 / 下一首	单击可以切换到上一首 / 下一首音乐文件
5	播放 / 暂停按钮	单击可以开始播放 / 暂停播放
6	播放框	显示当前播放歌曲名、封面、歌手名
7	收藏	将喜欢的音乐添加到我的收藏列表中，再次单击可以取消
8	歌词	单击可以切换到歌词界面，单击歌词界面上的图标可以关闭
9	播放模式	单击可以切换播放模式，包括列表循环、单曲循环、随机播放
10	音量调节	单击调节播放音量大小
11	播放列表	单击可以打开音乐的播放列表

2. 常规操作

添加音乐后双击某一歌曲或右键单击歌曲选择"播放"，可以播放当前歌曲。

在左侧导航栏可以切换音乐的播放列表，在列表上单击鼠标右键选择"播放"或在音乐列表界面单击"播放所有"，可以按照列表当前设置的播放顺序播放当前歌单中所有歌曲，如图 9-13 所示。

图 9-13

播放音乐时可以单击音频轨道调整音乐的播放进度，将鼠标放到 ◀ 上可以拖动滑块调整音量，单击 ◀ 可以静音。

除了上述操作外，类似地，还可以在音乐界面进行暂停播放、播放上一首／下一首、收藏音乐、查看歌词、调整播放模式、查看播放列表等操作。

> **说明：**
> 除了单击音乐界面的"收藏"按钮 ♡ ，还可以右键单击要收藏的音乐文件，选择"添加到歌单—我的收藏"将其收藏到我的收藏列表中。

3. 播放列表

在音乐界面可以进行新建歌单、重命名歌单、删除歌单、将音乐添加到歌单等操作。用户可以通过创建歌单将同一风格或喜欢的音乐整理到一起，在播放音乐时选择喜欢的歌单进行播放。

> **说明：**
> "所有音乐"和"我的收藏"是默认列表，不能删除。自定义的播放列表都是"所有音乐"列表的一部分。

在音乐界面，单击播放列表旁边的 ＋ ，输入歌单的名称，按 Enter 键，即可新建歌单，如图 9-14 所示。

如果想修改歌单名称可以在歌单上单击鼠标右键，选择"重命名"即可修改歌单名称，按 Enter 键进行确认，如图 9-15 所示。

如果不想要歌单可以直接将歌单删除，在创建的歌单上单击鼠标右键，选择"删除"，弹出删除歌单对话框，单击"删除"按钮即可删除歌单，如图 9-16 所示。

图 9-14

图 9-15

图 9-16

创建歌单后可以在所有列表的歌曲上单击鼠标右键，选择"添加到歌单"，选择创建的歌单，将歌曲添加到选定的歌单中，同一首歌曲可以添加到多个歌单中，如图 9-17 所示。

图 9-17

添加到歌单的歌曲需要调整的话，还可以从歌单中删除。在音乐界面，选择一个音乐文件，单击鼠标右键，选择"从歌单中删除"即可。

4．查看音乐文件属性

在音乐界面，在想要查看的音乐文件上单击鼠标右键，选择"歌曲信息"，可以查看歌曲名称、歌手名称、专辑、文件类型、文件大小、时长、文件路径等，如图 9-18 所示。

类似地，在音乐文件上单击鼠标右键，选择"在文件管理器中显示"可以直接打开音乐文件所在的文件夹。

9.1.4　视频播放器

大部分视频文件都可以通过视频播放器进行播放，在视频播放器中可调节视频播放速度、设置全屏播放、循环播放等，本节主要介绍统信 UOS 中自带的视频播放器"影院"。

使用影院可播放多种格式的视频文件，利用流媒体功能可观看网络视频资源。

1．打开视频文件及界面介绍

在启动器中找到影院 ，单击即可运行，界面如图 9-19 所示。

图 9-18

129

影院配置了很多快捷键，利用好快捷键可以在很大程度上提高使用体验。在影院界面，按快捷键"Ctrl + Shift+？"可以查看影院相关的快捷键，如图 9-20 所示。

图 9-19

图 9-20

提示：
1. 在视频播放的过程中，可以随时通过快捷键调出快捷键预览界面。
2. 加速 / 减速播放是相对于原播放速度而言的，每加速 / 减速一次，视频播放速度默认在播放速度上以 0.1 倍速增加 / 减小。如果按住键盘上的"Ctrl+ → / ←"不放，视频播放速度将递增或递减。最高播放速度为原播放速度的 2 倍速，最低播放速度为原播放速度的 0.1 倍速。

首次进入影院界面，播放列表中没有文件，需要添加视频文件才能对画面、声音、字幕等进行详细操作。

在影院中可以通过以下 5 种方式在播放列表中添加和播放影片。第一种是单击"播放"按钮 ▶，在弹出的对话框中选择视频文件；第二种是在播放窗口上单击鼠标右键或单击"主菜单" ≡，选择"打开文件 / 打开文件夹"，在弹出的窗口选择视频文件；第三种是在影院界面上单击鼠标右键，选择"打开 URL"，在弹出的窗口中粘贴在线播放地址（仅支持带有视频格式的网址），播放在线影片；第四种是直接拖曳视频文件或包含视频文件的文件夹到影院界面上，播放本地影片。第五种是在连接了外置驱动的情况下，通过单击鼠标右键选择"播放光盘"来播放光盘中的影片。

添加视频文件后影院界面如图 9-21 所示，界面各部分的详细说明如表 9-3 所示。

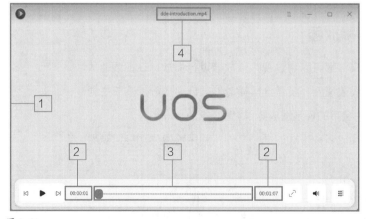

图 9-21

表 9-3

标号	名称	说明
1	播放窗口	显示视频内容，当光标移入播放窗口后将显示视频信息和功能图标，当光标移出播放窗口或无操作时将隐藏视频信息和功能图标。播放窗口为无框模式时，可以任意拖曳播放窗口，手动调节播放窗口的大小
2	时长显示	显示当前播放视频的总时长和已经播放的时长
3	进度条	显示视频播放进度，拖曳进度条可以改变视频播放进度。将鼠标指针置于进度条上，进度条将智能加粗并显示视频预览窗口
4	视频名称	显示正在播放的视频名称

说明：

当鼠标置于进度条上时，默认显示预览窗口，如果不需要预览显示，可以在设置中进行更改，具体操作请参阅（3）设置。

通过界面上的图标可以对影片播放执行一些基础的操作，界面图标介绍如表 9-4 所示。

表 9-4

图标	名称	图标	名称
◁|	播放上一个影片	▷|	播放下一个影片
▶	开始播放影片	❙❙	暂停播放影片
↙	全屏播放	◀❙❙❙	调节音量
☰	呼出 / 隐藏播放列表	☰	主菜单
—	最小化按钮	□	最大化按钮
×	关闭按钮		

2. 常规操作

在影院中添加视频文件后可以进行一些常规操作，包括播放、调整视频进度、调节音量等。在影院中添加视频文件后单击"播放"按钮▶即可播放视频，▶变为"暂停"按钮❙❙，单击即可暂停播放。

播放视频时可以通过拖曳进度条上的滑块调整视频的播放进度。

播放视频时在界面上单击鼠标右键可以对视频的窗口、播放模式、画面、声音、字幕等进行详细设置，如图 9-22 所示，具体操作如下所示。

① 调整播放窗口

播放视频时可以将视频全屏播放，单击"全屏播放"按钮↙或单击鼠标右键选择"全屏"可转为全屏播放状态，右上角会显示视频当前播放时长和视频总时长。

图 9-22

> **说明：**
> 在播放窗口上双击，播放窗口将在全屏和正常窗口之间切换。

如果在看视频的同时还需要看到其他应用的界面，可以通过单击鼠标右键选择"迷你模式"，这样可以在不影响视频播放的情况下用最小的窗口观看视频，单击 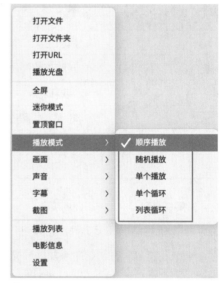 返回正常窗口，如图 9-23 所示。除此之外在正常窗口状态下还可以使用鼠标拖曳窗口边缘，自由调整窗口大小。

图 9-23

在开启多个应用的情况下视频界面容易被其他应用的界面挡住，此时可以通过在界面上单击鼠标右键，勾选"置顶窗口"将视频窗口固定显示在所有窗口的最前面，无论其他窗口怎么移动都不会影响观看视频。

② 调整播放模式

播放视频时在播放窗口单击鼠标右键，选择"播放模式"可以调整视频的播放模式，包括顺序播放、随机播放、单个播放、单个循环和列表循环，如图 9-24 所示。

● 顺序播放：按照播放列表顺序依次播放影片，播放列表中最后一个文件播放结束后停止。

● 随机播放：随机播放列表里的文件，播放列表中的文件全部随机播放一遍后将继续循环随机播放。

● 单个播放：当前影片播放完成后停止。

● 单个循环：循环播放当前影片。

● 列表循环：按照播放列表顺序依次播放影片，播放列表中最后一个文件播放结束后重新播放第一个文件。

图 9-24

③ 调整画面

如果视频的比例存在问题，视频画面横向或纵向存在拉伸的情况，可以在影院中单击鼠标右键选择"画面"调整视频画面比例或旋转视频画面，如图 9-25 所示。如果想看视频中某个一闪而过的画面还可以选择"上一帧/下一帧"来调整视频显示画面。

④ 调整声音

在影院中可以调整视频播放的声音，在影院界面上，单击鼠标右键，选择"声音"，选择"声道"，可以选择影片的播放声道为立体声、左声道或右声道；选择"音轨"，可以选择影片的播放音轨，如图 9-26 所示。

图 9-25

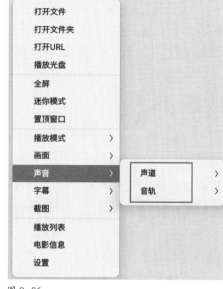

图 9-26

播放视频时将鼠标移动到◀‖上可以拖动滑块来调节视频播放的音量，或将鼠标放到播放界面上通过鼠标滚轮来调节音量，调节音量时视频左上角可以查看音量百分比。

⑤ 截图

在影院中播放视频，如果看到喜欢的画面可以使用截图将其保存下来。在影院界面上，单击鼠标右键选择"截图"，选择"截图"对当前画面进行截图；选择"剧情连拍"自动截取影片不同时段的图片，最后组成一张剧情连拍预览图，如图 9-27 所示。

⑥播放列表

在播放界面上单击鼠标右键选择"播放列表"或单击 可以弹出播放列表，在播放列表上可以查看添加到影院中的所有视频文件。在其中一个视频文件上双击，即可播放该视频文件；单击选中视频文件后，单击 可以将视频从列表中删除；在某个视频文件上单击鼠标右键可以选择将视频文件从列表中删除、清空播放列表和在文件管理器中显示，如图 9-28 所示。

图 9-27

3. 设置

在影院的主菜单或在播放界面上单击鼠标右键，选择"设置"可以对影院的基础信息、快捷键和字幕进行设置。

图 9-28

① 基础设置

在影院设置界面的基础设置中可以对播放和截图的操作进行相关设置，界面如图 9-29 所示。

图 9-29

在播放模块下可以进行如下设置。

● 退出深度影院时清空播放列表：在退出影院后将播放列表完全清空。

● 自动从上次停止位置播放：在打开影院后自动接续上次关闭时的视频播放。

● 自动查找相似文件连续播放：将同一个文件夹下名称相似的视频文件自动添加到播放列表中依次进行播放。

● 鼠标悬停进度条时显示预览：当鼠标置于播放进度条上时显示预览窗口。

- 允许同时运行多个深度影院：可以同时打开多个影院窗口来播放不同的视频文件。
- 最小化时暂停：在影院最小化时自动暂停视频文件的播放。

在截图模块下，可以自定义截图的保存路径。

② 快捷键设置

在影院的设置界面选择"快捷键"可以查看当前快捷键，还可以选择快捷键然后按键盘上的按键自定义新的快捷键。

4．查看视频文件属性

在影院界面上可以查看视频文件的详细信息，在影院界面上或在播放列表的某个视频上单击鼠标右键，选择"电影信息"，可以查看影片的分辨率、文件类型、文件大小、媒体时长、文件路径，如图 9-30 所示。

图 9-30

9.1.5　茄子摄像头

在统信 UOS 上可以通过茄子摄像头 🖼 生成照片或视频，还可以将一些预设效果应用到生成的照片和视频上。

1．运行茄子摄像头

在启动器中可以找到茄子摄像头应用，单击即可打开，界面如图 9-31 所示。

图 9-31

2．拍摄照片或视频

打开茄子摄像头后直接开启摄像头，拍摄前可以单击右下角的"效果"，选择其中一种效果进行拍摄。选好效果后，看着屏幕摄像头拍摄到的画面，找到合适角度后单击界面正中间的 ■，界面上显示拍摄倒计时，3 秒后即可生成照片，照片显示在界面下方的轨道上，如图 9-32 所示。

图 9-32

在照片上单击鼠标右键可以选择打开照片，照片自动通过默认程序打开。

如果对照片效果满意可以在照片上单击鼠标右键选择"保存"，如果对

照片效果不满意可以选择将照片"移入回收站"或"删除"。移入回收站的

照片可以通过回收站找回，删除的照片将被彻底删除，如图 9-33 所示。

选择"视频"模式，选择效果，找到合适角度后单击界面正中间的

图 9-33

开始拍摄，此时图标变为  ，单击即可完成拍摄。拍摄时画

面外右下角会显示拍摄时间，如图 9-34 所示。

图 9-34

在轨道中生成的视频上单击鼠标右键可以选择将视频打开、另存为、移入回收站和删除。

类似地，在界面左下角还可以选择"连拍"模式拍摄连续照片。

9.2 实用应用

龙芯电脑提供的实用工具可以帮助用户提高工作效率，本节主要介绍计算器、语音记事本、截图录屏、字体管理器等应用的基础操作。

9.2.1 计算器

在启动器中找到计算器 ，单击即可打开。计算器可以进行加法、减法、乘法、除法等基本运算。

计算器由计算区域和虚拟键盘组成。单击虚拟键盘或电脑键盘的按键，可以输入数值或运算符号，计算过程和结果会显示在计算区域，如图 9-35 所示。

9.2.2 语音记事本

图 9-35

语音记事本 可以用来记录语音及文字，属于常用的办公类应用。相较于 WPS Office 等专业的办公应用，语音记事本使用起来更方便快捷。

1. 打开记事本

在启动器中找到语音记事本，单击即可打开，语音记事本界面如图 9-36 所示。

图 9-36

2．创建／删除记事本

在语音记事本界面上单击"新建记事本"按钮后即可创建一个新的记事本。

创建第一个记事本后单击界面左下角的 ⊕ 即可创建记事本，在记事本上单击鼠标右键可以对记事本进行重命名或删除记事本，如图 9-37 所示。

图 9-37

在记事本中可以单击"添加文字笔记"按钮，在弹出的输入框中添加文字笔记，单击输入框右

上角的 ⋯ 可以选择将文字笔记保存为 TXT 或删除，如图 9-38 所示。

图 9-38

单击下方的 ，开始记录语音笔记，单击 暂停记录语音笔记，单击 保存语音笔记，如图 9-39 所示。

图 9-39

保存的语音笔记如图 9-40 所示，单击 可以播放语音笔记，单击 ⋯ 可以选择语音转文字、保存为 MP3 或删除。

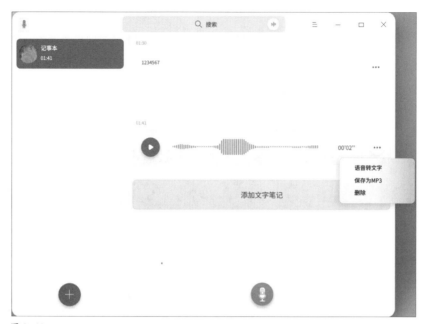

图 9-40

语音笔记语音转为文字后会显示在语音笔记的下方，如图 9-41 所示。

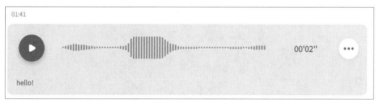

图 9-41

3．搜索记事本

在记录很多笔记后，一个一个找起来就会比较麻烦，此时可以通过界面上方的搜索框输入文字或语音搜索记录的笔记，如图 9-42 所示。

图 9-42

9.2.3　截图与录屏工具

在办公过程中有时需要进行截图或录屏操作，统信 UOS 自带的截图录屏应用功能强大，可以满足用户对于截图录屏的基本需求。

截图录屏是一款集截图和录屏于一体的工具。在截图或录屏时，可以自动选定窗口或根据情况手动选择截图或录屏的区域。

在启动器中可以找到截图录屏 📷，单击即可运行，单击或拖曳鼠标即可选定截图或录屏的区域，如图 9-43 所示。

图 9-43

1. 截图录屏工具截图

下面详细讲解如何使用截图录屏进行截图。

（1）快捷键

使用截图录屏的快捷键来进行相关操作，既省时又省力。在截图模式下，按快捷键"Ctrl+shift+？"可以打开快捷键预览界面，如图 9-44 所示。

开启/截图		绘图		调整区域	
快捷启动截图	Ctrl+Alt+A	矩形工具	R	向上放大选区高度	Ctrl+Up
光标所在窗口截图	Alt+PrintScreen	椭圆工具	O	向下放大选区高度	Ctrl+Down
延时5秒截图	Ctrl+PrintScreen	直线工具	L	向左放大选区宽度	Ctrl+Left
截取全屏	PrintScreen	画笔工具	P	向右放大选区宽度	Ctrl+Right
复制到剪贴板	Ctrl+C	文本工具	T	向上缩小选区高度	Ctrl+Shift+Up
		删除选中图形	Delete	向下缩小选区高度	Ctrl+Shift+Down
退出/保存		撤销	Ctrl+Z	向左缩小选区宽度	Ctrl+Shift+Left
退出	Esc			向右缩小选区宽度	Ctrl+Shift+Right
保存	Ctrl+S				
				设置	
				帮助	F1
				显示快捷键预览	Ctrl+Shift+?

图 9-44

（2）选择截图区域

目前比较常用的截图区域有三种：全屏、程序窗口和自选区域。在截图时选中对应的区域，在区域四周会出现白色虚线边框，并且其他区域会变暗。

> **说明：**
>
> 　当电脑多屏显示时，可以使用截图录屏来截取多个屏幕上的区域。

按快捷键"Ctrl+Alt+A"进入截图模式，在截图模式下可以选择全屏、程序窗口或自选区域。

在截图模式下将光标移至桌面上，截图录屏会自动选中整个屏幕，并在其左上角显示当前截图区域的尺寸大小，单击桌面即可选中全屏，如图 9-43 所示。

在截图模式下将光标移到打开的程序窗口上，截图录屏会自动选中该窗口，效果如图 9-45 所示。

图 9-45

在截图模式下按住鼠标左键不放，拖动鼠标选择截图区域，释放鼠标左键，选中自定义截图范围，效果如图 9-46 所示。

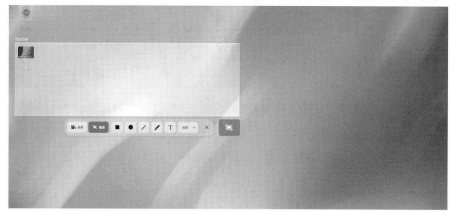

图 9-46

选中截图范围后，在桌面上会弹出截图录屏的工具栏。

> **提示:**
> 　　如果截图录屏固定在任务栏，右键单击任务栏上的截图录屏图标 ● ，选择"打开"，可立即启动截图录屏；选择"全屏截图"，快速截取全屏；选择"延时截图"，截图录屏将在 5 秒后启动。

（3）调整截图区域

选择截图区域后可以对截图区域进行调整，例如放大或缩小截取范围、移动截图区域等。

将光标置于截图区域的边框上，光标变为 ↔ 。按住鼠标左键不放，拖动鼠标来放大或缩小截图区域；或按快捷键"Ctrl+ ↑ / ↓"来上下扩展截图区域，按快捷键"Ctrl+ ← / →"来左右扩展截图区域。

将光标置于截图区域上，光标变为 ✋ 。按住鼠标左键不放，拖动鼠标来移动截图区域的位置；或按下键盘上的 ↑ 或 ↓ 来上下移动截图区域，按下键盘上的 ← 或 → 来左右移动截图区域。

（4）编辑截图

截图录屏自带的图片编辑功能，包括图形标记、文字批注等，可以满足日常图片处理需求，在图片上还可以添加马赛克或模糊，保护个人隐私。

运行截图录屏，选中截图区域后，工具栏会自动出现，如图 9-47 所示。工具栏图标说明如表 9-5 所示。

图 9-47

> **提示:**
> 　　如果已经对工具栏对应的属性栏进行了设置，如线条粗细、字体大小等，截图录屏会在下次启动时默认使用该设置，用户也可以根据情况重新进行设置。

表 9-5

图标	名称	图标	名称
■	矩形工具	●	椭圆工具
╱	线条工具	✎	画笔工具
T	文本工具	✕	退出截图

在截图中绘制矩形、椭圆、直线、箭头等的操作方法类似，这里以在截图中绘制矩形为例进行详细讲解。

01. 在截图录屏的工具栏中，单击 ■ ，在展开的属性面板中，选择矩形边线的粗细和颜色。

02. 将光标置于截图区域上，光标变为 ╲ 时，按住鼠标左键不放，拖动鼠标以完成图形区域的绘制，如图 9-48 所示。

03. 绘制完成后还可以选中矩形，在矩形工具对应的属性栏中修改矩形边线的粗细和颜色。

04. 如果截图中包含了个人隐私信息，可以选中矩形工具栏对应的属性栏中的 ● 或 ▣ ，在想要遮挡的区域上方通过拖曳鼠标的方式绘制矩形的模糊区域或马赛克区域，如图 9-49 所示。

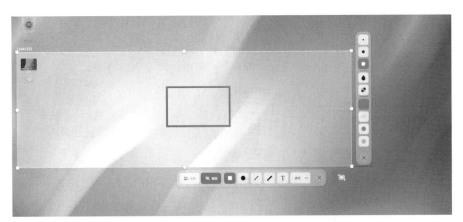

图 9-48

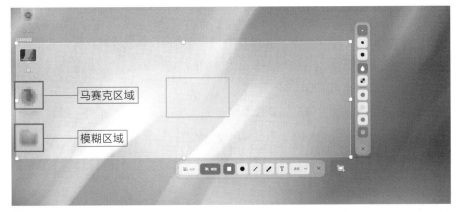

图 9-49

提示：

在绘制矩形和椭圆时，按住 Shift 键可以绘制正方形或圆形。在绘制直线和箭头时，按住 Shift 键可以绘制水平或垂直方向的直线或带箭头的直线。

除了画笔工具绘制的自定义元素外，在截图上添加的矩形、圆形、直线和文字等元素在选中后都可以进行移动。以矩形元素为例，将光标置于图形的边线上，光标变为 🖐 时，按住鼠标左键不放，拖动鼠标可将图形移动到截图区域的任何位置。绘制的矩形还可以在选中状态下通过按 ↑ / ↓ / ← / →键来上、下、左或右的移动，对其进行细微的调整。

在截图中绘制的矩形和圆形可以进行删除、放大、缩小、旋转等操作。

● 将光标置于图形的边线上，单击选中绘制的图形进入图形的编辑模式，可以按 Delete 键删除图形，按快捷键"Ctrl+Z"返回上一步操作。

● 将光标置于编辑框的 ⟳ 上，此时光标变成 ⤺，拖动光标即可旋转图形。

在编辑框外单击鼠标左键，退出编辑模式。

（5）保存或退出截图

选定截图区域并添加所需元素后，可以通过以下操作之一来保存截取的图片或退出截图模式。

● 双击截图区域保存。

- 单击截图工具栏右侧的 。
- 按快捷键"Ctrl+S"来保存。
- 在截取的图片中，单击鼠标右键，选择"保存"或"退出"。
- 在截图录屏界面，单击 × 或按 Esc 键退出截图录屏状态。

> **说明：**
> 在以上操作中，截取的图片默认存放到桌面。

在截图界面的工具栏中，单击"选项"在展开的下拉菜单中可以更改存储位置、图片格式以及将图片复制到剪贴板，如图 9-50 所示。

- 桌面：默认设置，将截取的图片保存到桌面。
- 图片：截取的图片自动保存到图片文件夹下。
- 指定位置：单击后弹出选择文件夹对话框，选择文件夹后，截取的图片将自动保存到用户设定的文件夹下。
- PNG/JPG/BMP：设置图片格式。
- 复制到剪贴板：将截取的图片复制到剪贴板。

当截取的图片保存成功后，在桌面上方会弹出提示信息，单击"查看"，可打开截取的图片所在的文件夹。

图 9-50

2. 截图录屏工具录屏

打开截图录屏后单击"录屏"按钮切换到录屏模式，可以选择录制全屏、自动识别窗口和自定义窗口，操作方法与截图一致。

> **提示：**
> 未开启"窗口特效"的情况下无法进行录屏操作。

录屏的工具栏如图 9-51 所示。

在录屏的工具栏中，可以根据需要设置声音、按键、摄像头等为录屏做准备，录屏工具栏图标名称如表 9-6 所示。

图 9-51

表 9-6

图标	名称	图标	名称
🎤	麦克风	🔊	系统音频
Fn	按键	📷	摄像头
🖱	鼠标单击	×	退出录屏

详细说明如下。

- 录制声音：包含麦克风、系统音频，默认为开启状态。

- 按键：单击显示按键，录屏时显示操作按键，最多支持 5 个最近操作按键同时显示，再次单击可以取消按键显示。

- 摄像头：单击后，显示摄像头窗口在录制画面，可拖曳窗口边角位置调整窗口大小 / 位置，再次单击可以取消开启，如果摄像头无法显示图像则展示为黑屏。

- 鼠标单击：单击后，录屏时显示鼠标、触屏，再次单击可以取消显示。

> **提示：**
> 录制前需要先检测接入设备是否支持声音录制、摄像头功能。当接入设备支持声音录制、摄像头功能时，用户可以设置相应的操作。当接入设备不支持声音录制、摄像头功能时，按钮为置灰状态，用户不能设置相应的操作。

选择好录制区域后，在录屏界面的工具栏中，单击"选项"，在下拉菜单中可以选择录制 GIF 或 MP4 格式文件，还可以设置视频帧率。

> **说明：**
> 1. 如果默认的录屏设置不是想要的，更改设置后需要再次启动录屏使设置生效。
> 2. 录制 MP4 格式需要电脑支持独立显卡。

设置好录制区域和录制格式后可以开始录制视频，基本操作步骤如下。

01. 启动截图录屏后，单击"录屏"按钮，选择录制区域和录制格式后单击"开始录屏"按钮 ■。

02. 录制完成后单击任务栏上闪烁的"截图录屏"图标结束录制，结束后视频文件将自动保存到桌面。

03. 如果不想录屏可以单击"关闭"按钮 × ，退出录屏状态。

> **说明：**
> 在录屏时，如果接入多屏显示器，不论多屏显示器为复制模式还是扩展模式，仅针对当前操作屏进行录屏。

3. SimpleScreenRecorder 录屏工具

SimpleScreenRecorder ◉ 是一款功能齐全的录屏应用，根据情况可以对视频的输入和输出的相关参数进行详细设置，具体操作如下。

01. 安装好应用后在启动器中可以找到图标 ◉ ，单击即可启动。

02. 单击界面下方的"继续"按钮，进入如图 9-52 所示界面。

输入设置界面上的选项介绍如下。

- 视频输入：可以设置录制视频的区域，包括录制整个屏幕、录制固定的区域、跟随鼠标和 Record OpenGL。

图 9-52

- 帧率：帧率越高视频越流畅，同时视频文件大小也相应增加（一般不超过 60 帧）。

- 缩放视频：把视频压缩到指定尺寸，一般不推荐使用。

- 录制光标：可以根据情况进行勾选。

- 音频输入：使用默认设置即可。

03. 设置好输入参数后单击"继续"，进入输出设置界面，如图 9-53 所示。

输出设置界面上的选项介绍如下。

- Output profile：输出画质，包括 High Quality Intermediate（高清视频），Live Stream（直播流，码率分为 1000kbps、2000kbps、3000kbps），YouTube（高质量视频）。

- 文件：视频保存位置，单击"选择"在弹出窗口中浏览文件夹，选择一个文件夹以及视频输出时的默认名称，单击"保存"。

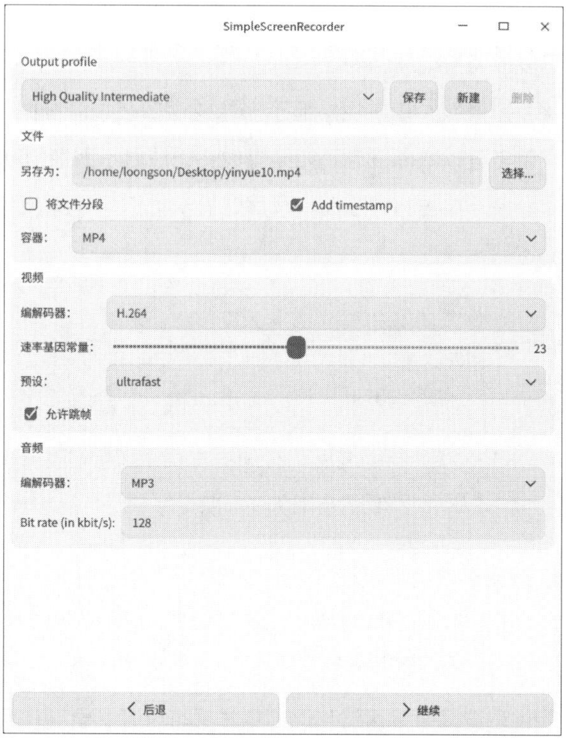

图 9-53

- 容器：用来保存视频的容器，即视频格式，通常选择 MP4 格式。

图 9-54

- 视频编解码器：用来压缩视频流的编码，H.264 是目前最好的编码，高质量且速度快。

- 速率基因常量：更改视频质量，值越低视频质量越高。

- 允许跳帧：选中后视频编解码器将会在输入帧率小于输出帧率时跳帧，跳帧不会影响视觉效果。反之，输出帧将用重复帧填补空缺，增加文件大小，占用更多的 CPU 时间。

- 音频编解码器：用于压缩音频流的编解码器，一般是 MP3 或 AAC。

- Bit rate：音频比特率，值越高质量越高，一般设置为 128 或 192。

04. 设置完成后单击"继续"，进入录制界面，如图 9-54 所示。

单击顶部"开始录制"按钮或使用热键即可开始录制视频。开始录制后该按钮变为

"暂停录制"，单击即可暂停录制。热键可以根据个人使用习惯进行更改。

单击中间"开始预览"可以预览当前录制内容。开始预览后该按钮变为"停止预览"。

单击底部"保存录像"即可结束当前录制并且保存视频文件。

如果中途不想录制了还可以单击"取消录制"按钮返回上一界面。

9.2.4　字体管理器

字体管理器是一款功能非常强大的字体管理工具，具有搜索、安装、启用、禁用、收藏、删除字体等功能，还可以通过输入文本内容、设置文本大小进行字体预览。字体管理器支持安装的字体格式有 .ttf、.ttc、.otf。

图 9-55

1. 使用入门及界面介绍

在启动器中可以找到字体管理器 ，单击即可启动，界面如图 9-55 所示。

字体管理器界面说明如表 9-7 所示。

表 9-7

名称	说明
所有字体	系统字体和用户字体的集合，默认显示所有字体
系统字体	系统自带的字体列表，该字体集中的字体不可删除
用户字体	用户安装的字体列表
我的收藏	用户选择收藏的字体列表，在其他字体集中选定字体的字体合集
已激活	启动状态的字体合集
中文字体	所有字体中的中文字体列表
等宽字体	所有字体中字符宽度相同的字体列表

2. 常规操作

字体管理器支持多种字体，在字体管理器中可以进行搜索和预览字体等操作，如果没有想要使用的字体还可以从网上下载字体并进行安装。

（1）搜索及预览字体

字体管理器将字体按照所有字体、系统字体、用户字体、我的收藏、已激活、中文字体和等宽字体分为不同的字体集。字体集中字体的每个文本块呈现着字体的样式，可以通过预览字体来查看字体的显示效果，默认预览文案为"Don't let your dreams be dreams"。

在字体管理器中可以通过界面上方的搜索框搜索字体，搜索到相关字体后，在底部文本内容预览框中输入文字，通过左右拖动控制条可设置字体大小，查看包含搜索条件的字体预览效果，如图 9-56 所示。

图 9-56

在搜索框中单击 × 或删除搜索框中输入的信息，即可清除当前输入的搜索条件或取消搜索。

> **说明：**
>
> 字体管理器中，控制条向左滑动为缩小字体，向右滑动为放大字体，字体大小范围为 6px ~ 60px。

（2）查看字体基本信息

在字体管理器界面字体集列表中，右键单击字体，选择"信息"，可以查看字体图标、名称、样式、类型、版本和描述等信息，如图 9-57 所示。

图 9-57

类似地，还可以在字体上单击鼠标右键，选择"在文件管理器中显示"，查看字体具体安装位置；选择"收藏"，将字体收藏到我的收藏列表中，收藏后再次单击鼠标右键，将变为"取消收藏"。

（3）安装字体

如果在字体管理器中没有搜索到想要使用的字体，此时可以从网上下载字体文件，然后在字体
管理器中安装单个字体或批量安装多个字体。

在字体管理器界面，可以直接将字体文件拖曳到字体管理器界面即可安装字体，或单击界面左
上角的 + 或选择"主菜单" ≡，选择"添加字体"。

在弹出的对话框中选定需要安装的字体，单击"打开"按钮安装字体，如图 9-58 所示。如果
弹出授权窗口，需要输入密码授权。

图 9-58

安装多个字体的操作步骤与安装单个字体的相
同，只是在弹出的对话框中同时选择多个字体。

对于本地已安装过的字体，字体管理器会弹
出"字体验证"对话框，单击"继续"，应用执行
重新安装操作，如图 9-59 所示。

图 9-59

（4）启用 / 禁用字体

在字体管理器界面，所有字体列表，未勾选的字体为禁用状态，不在"已激活"列表中；勾选的字体为启用状态，同时显示在"已激活"列表中，如图 9-60 所示。

图 9-60

> **说明：**
>
> 除了勾选字体的选项框，也可以在所有字体列表中右键单击字体，选择"启用字体"或"禁用字体"。

（5）删除字体

如果不需要某一字体，可以在字体管理器中将其删除。目前字体管理器仅支持单个删除字体，不支持批量删除字体。系统字体和禁用字体不能删除。

01. 在字体管理器界面用户字体列表中，选中字体后右键单击字体，选择"删除字体"，如图 9-61 所示。

02. 在弹出的提示对话框中单击"删除"，如图 9-62 所示。如果弹出授权窗口，输入密码授权即可删除字体。

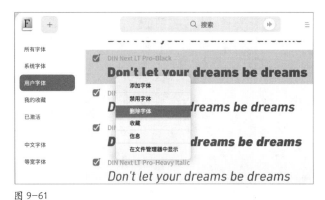

图 9-61

图 9-62

9.2.5　远程控制工具

当电脑出现问题，而技术人员又不方便上门帮助解决时，就可以使用远程控制工具。通过远程控制可以方便地进行远程操控电脑，帮助解决电脑问题。本节主要介绍向日葵远程控制工具。

向日葵是由 Oray 自主研发，主要面向企业和专业人员的一款远程 PC 管理和控制的服务应用。向日葵支持 Windows、Linux、Mac OS、Android、iOS 等主流操作系统跨平台协同操作，在任何可连入互联网的地点，都可以轻松访问和控制安装了向日葵客户端的设备，具有跨平台的特点。

在电脑上安装好向日葵后可以在启动器中找到该应用，单击即可打开，界面如图 9-63 所示。

图 9-63

在向日葵的客户端可以通过本机识别码和本机验证码进行远程控制，具体操作是将向日葵客户端的本机识别码和本机验证码发送给好友，好友在自己的向日葵客户端界面输入接收到的识别码和验证码，并单击"远程协助"按钮即可进行远程控制。

9.2.6　视频会议工具

统信 UOS 自带的联系人  是一款基于网络账号的通信管理应用，支持多人视频会议、屏幕共享等功能，可以极大地方便用户讨论沟通。该应用主要有联系人和会议两个功能，下面将从这两个部分进行详细讲解。

1. 联系人

在启动器中找到联系人，单击即可启动，第一次运行该应用将自动跳转到网络账户登录界面，登录网络账户后即可进入联系人界面，如图 9-64 所示。

图 9-64

联系人界面说明如表 9-8 所示。

表 9-8

名称	说明
搜索框	可搜索已添加的好友和创建的群组，在搜索框中可输入想要搜索的好友网络账号、好友昵称、好友备注、群名称
新的朋友	主要显示请求添加好友的联系人信息，当收到添加为好友请求时，图标右上角会有红点提示。单击"新的朋友"，可选择"同意"或"拒绝"添加此好友，同时还可以查看添加好友的历史记录
群	包含群组和群分组，多个联系人可以创建为群组，多个群组可以通过群分组进行分类管理
好友	所有好友默认添加到默认好友分组，也可以根据需求创建新的好友分组来管理好友

（1）好友

联系人基于好友实现视频会议等操作，所以使用联系人的第一步是添加好友。在联系人界面，单击界面上的 +、在默认好友分组上单击鼠标右键或单击默认好友分组右侧的 ≡，选择"添加好友"，弹出"添加好友"对话框，如图 9-65 所示。

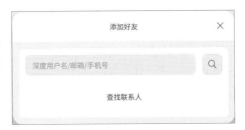

图 9-65

在对话框中输入用户名、邮箱或手机号，单击 🔍 即可查找好友，搜索成功后好友昵称和账号在列表中出现，如图 9-66 所示。单击 +，弹出添加好友请求界面，选择分组，输入请求信息，单击"发送"按钮，如图 9-67 所示。

图 9-67

图 9-66

好友同意后即可在选择的分组中看到好友昵称，选中好友昵称可查看好友的详细信息、修改好友备注。单击"会议"按钮，可与好友进行视频会议，如图 9-68 所示。

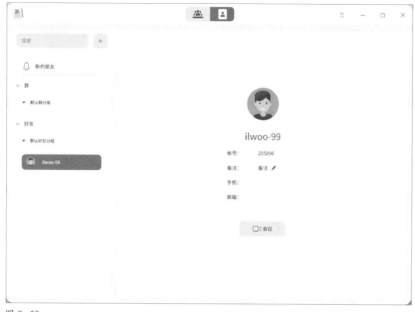

图 9-68

在好友上单击鼠标右键可选择将好友删除，如果创建了多个好友分组可选择将好友移至其他分组，如图 9-69 所示。

（2）好友分组

添加的好友比较多的时候可以通过创建好友分组来管理好友。系统有一个默认好友分组，如果想添加其他的好友分组，可进行以下操作。

将光标放到"好友"上，单击鼠标右键或单击"好友"右侧的☰，弹出"添加好友分组"，如图 9-70

图 9-69

所示。单击"添加好友分组"，在默认好友分组下出现新的分组，输入新的分组名即可创建分组，如果未输入新的分组名则默认为"未命名"，如图 9-71 所示。如果想修改好友分组名称，可在创建的好友分组上单击鼠标右键或单击分组后的☰，在展开的菜单中选择"重命名分组"；如果不需要好友分组，可在展开的菜单中选择"删除分组"，在弹出的对话框中单击"确定"即可删除该分组，组内好友会自动移至默认好友分组。

图 9-70

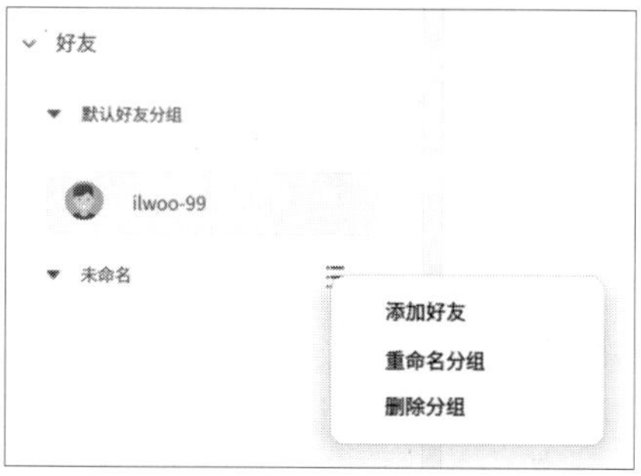

图 9-71

153

（3）群组

联系人中添加的好友可以根据需求创建群组，进行多人线上视频会议。在办公中通常是多人完成一个项目，当项目成员线下见面不是很方便时，使用该功能可轻松在线上实现面对面的沟通。

在联系人界面单击、在群分组上单击鼠标右键或单击群分组后的，选择"创建新群"。弹出"创建新群"对话框，选择群成员，输入群名称，单击"确定"即可创建新群，如图 9-72 所示。

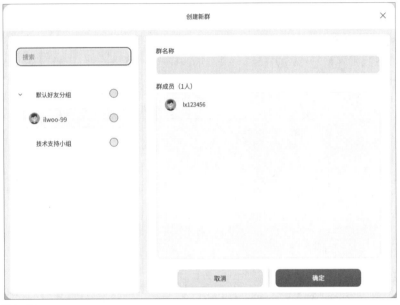

图 9-72

单击创建的群组即可查看群信息，包括群名称、群公告、创建日期、邀请模式和群成员，其中邀请模式分为全员邀请和创建者邀请。单击群信息界面右上角的可将群组解散，单击可将群组转让给其他人，如图 9-73 所示。

图 9-73

单击"创建会议"按钮，弹出"创建视频会议"对话框，勾选会议成员，设置会议名称、会议室号等会议信息，单击"确定"即可创建会议，如图 9-74 所示。

图 9-74

会议属性详细介绍如下。

● 会议名称：可以自己设置会议名称，也可使用默认会议名称。

● 会议室号：当第一次运行联系人时，就会生成一个会议室号，每个用户的会议室号都是固定的，不可设置。

● 开始时间：会议可以立即开始，也可预约。如果想要立即开始会议，打开"立即开始"开关即可；如果想预约会议，则选择会议时间日期即可。

● 时长：根据实际需要选择会议时长，建议选择时长大于实际会议时长。会议时长达到设置时长时，会议将自动退出。

● 会议密码：可选择设置会议密码，然后共享给与会成员，保证会议的安全性。

● 会议模式：有 3 种模式，包括允许客人拨入、参会者邀请和创建者邀请。允许客人拨入模式下可将会议室号与会议密码共享给客人，客人单击"快速参加会议"，输入会议室号及会议密码参加会议，进入会议后，可以邀请其他人参加会议；参会者邀请模式下参会者有邀请其他人参加会议的权限；创建者邀请模式下参会者只能被创建者邀请才可以参加会议。

● 参会方数：设置参会方数，普通用户参数方数最多为 10 方。

- 邀请成员：可从左侧好友列表中选择参会成员。

（4）群分组

如果创建了很多的群组，可创建群分组来对群组进行分类管理。在"群"上单击鼠标右键或单击"群"右侧的 ☰ ，选择"添加群分组"，即可成功创建群分组，如图 9-75 所示。

图 9-75

在创建的群分组上单击鼠标右键可选择在该分组下创建新群、重命名分组、删除分组，如图 9-76 所示。删除群分组，群分组内的群组将移至默认组。

当创建了多个群分组时，在某个群组上单击鼠标右键可选择将该群组移至其他群分组，如图9-77所示。

图 9-76

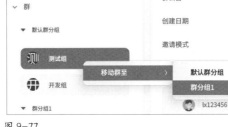

图 9-77

2．会议

在联系人主界面单击 ☷ ，进入会议界面，如图 9-78 所示。

图 9-78

（1）搜索

会议搜索的前提是会议已经创建或已经结束。参会成员可通过搜索会议室号或会议名称进入会议。

会议室号搜索：每个用户都有一个固定的会议室号，搜索会议室号就是搜索其他人邀请用户开过的所有会议，显示结果可能会有多个。

会议名称搜索：会议名称在命名时可以重复，搜索会议名称时，显示结果可能会有多个。

（2）快速参加会议

会议如果是"允许客人拨入"模式，即可通过快速参加会议功能进入。单击"快速参加会议"，在弹出的对话框中输入会议号及会议密码，选择是否关闭摄像头或麦克风后，单击"参加"，即可进入会议，如图 9-79 所示。

（3）会议进行中

单击会议界面上的"创建会议"按钮 进入创建视频会议界面，可邀请好友并创建会议，将开始时间设置为"立即开始"，单击"确定"即可进入会议界面，如图 9-80 所示。

图 9-79

图 9-80

会议进行中界面的图标介绍如表 9-9 所示。

表 9-9

图标	名称	说明
	麦克风	可设置麦克风是否静音，默认麦克风开启
	摄像头	可设置摄像头是否关闭，默认摄像头开启
	屏幕共享	可设置屏幕是否共享，共享后其他参会者可以看到共享者的电脑屏幕
	会议控制	主要是控制会议秩序，不同角色的会议控制功能不同
	会议邀请	会议创建者可通过此功能邀请其他人参加会议
	画廊视图	视频会议窗口可分为演讲者视图和画廊视图，演讲者视图是一主数从，演讲者展示在屏幕上，多个人进行观看；画廊视图是将所有参会者屏幕均匀分布显示在一个屏幕上，支持 2×2 分布，如果窗口超过 4 个，则根据语音激活排序先后进行跳动显示

续表

图标	名称	说明
⚙	设置	设置麦克风、扬声器、摄像头及通知静音
⏻	关闭会议	创建者关闭会议后，整个会议结束；参会者无关闭会议权限
☎	挂断会议	会议挂断后，实际上会议并没有结束，还可以再次进入会议

单击"会议控制"按钮后会议界面右侧会展示参会成员列表，如图 9-81 所示。

图 9-81

参会成员列表的图标说明如表 9-10 所示。

表 9-10

图标	名称	说明
☰	菜单	会议发起者单击入会成员数后的菜单可选择允许参会者自己解除静音 / 不允许参会者自己解除静音；单击成员后的菜单可将成员设为主持人 / 取消主持人
✋	举手	会议成员单击后可举手，再次单击取消举手
🎤	全体静音	会议发起者单击即可开启 / 取消全体静音
🎤	静音	设置麦克风是否静音，默认麦克风开启

会议过程中主要分为三种角色：会议发起者、会议主持人以及参会者。当参加会议的成员比较多时，会议发起者可选择某一参会者将其设置为会议主持人，协助管理会议秩序。不同角色的会议成员权限不同，详细介绍如表 9-11 所示。

表 9-11

会议成员角色	权限
会议发起者	关闭 / 开启全场麦克风
	关闭 / 开启指定参会者麦克风
	允许 / 禁止全体参会者自行开启麦克风
	设定 / 取消设定参会者为主持人（可设置多人）
	取消参会者的举手

会议成员角色	权限
会议主持人	关闭 / 开启全场麦克风
	关闭 / 开启指定参会者麦克风
	允许 / 禁止体参会者自行开启麦克风
	取消参会者的举手
参会者	举手 / 取消举手

（4）会议室

会议室主要展示会议室列表及信息，会议室列表中默认生成我的会议室。单击"我的会议室"在我的会议室界面可查看会议号码、方数限制和会议室授予。使用会议室授予可以将自己的会议室授权给其他人，其他人就可以使用被授权的会议室创建视频会议，并出现在其会议室列表中，如图9-82所示。

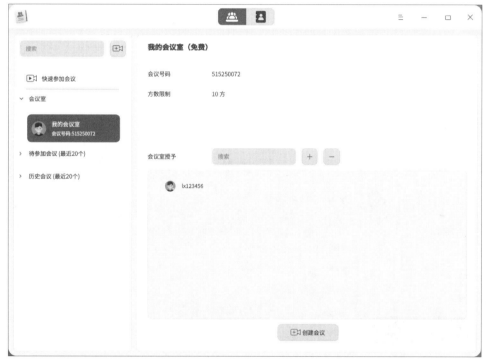

图 9-82

（5）待参加会议

待参加会议主要展示还未开始的待参加会议，单击某一会议可查看会议号码、会议时间、会议模式和方数限制。

如果会议成员较多，可在会议成员后的搜索框中输入会议成员名称快速找到会议成员，单击成员头像和名称会弹出"个人信息"对话框，查看成员详细信息。单击 可复制会议信息，发送给其他参会者以便接入会议；单击 可修改会议信息；单击 可删除待参加的会议，如图9-83所示。

（6）历史会议

历史会议中主要展示已经结束的会议列表及会议信息，如图9-84所示。

图 9-83

图 9-84

第 三 篇

龙芯电脑
配置和管理

第**10**章

系统环境监控

龙芯电脑通过系统监视器对系统环境进行监控。系统监视器是一个对硬件负载、程序运行、系统服务进行监测查看和管理操作的系统工具。系统监视器可以实时监控处理器状态、内存占用率、网络接收发送速度，还可以管理系统进程和应用进程，支持搜索进程和强制结束进程。

10.1 搜索进程

在系统监视器  顶部的搜索框中，通过语音或文字输入可对应用进程进行快速定位。当搜索到匹配的信息时，界面显示搜索结果列表，以搜索 WPS 为例，结果如图 10-1 所示。当没有搜索到匹配的信息时，界面显示"无结果"。

图 10-1

10.2 硬件监控

系统监视器可以实时监控电脑的处理器、内存和网络的状态。

处理器监控使用数值和图形实时显示处理器占用率，还可以通过圆环或波形显示最近一段时间的处理器占用趋势，通过主菜单下的"视图—设置"选项，可以切换紧凑视图和舒展视图。

● 在紧凑视图下，通过示波图和百分比数字显示处理器运行负载。示波图显示最近一段时间的处理器运行负载情况，曲线会根据波峰波谷高度自适应示波图显示高度，如图 10-2 所示。

● 在舒展视图下，通过圆环图和百分比数字显示处理器运行负载。圆环中间的曲线显示最近一段时间的处理器的运行负载情况，曲线会根据曲线波峰波谷高度自适应圆环内部的高度，如图 10-3 所示。

内存监控使用数值和图形实时显示内存占用率，还可以显示内存总量和当前占用量，交换空间内存总量和当前占用量。

网络监控可以实时显示当前接收发送速度，还可以通过波形显示最近一段时间的接收发送速度趋势。

在紧凑视图下，磁盘监控可以实时显示当前磁盘读取写入速度，还可以通过波形显示最近一段时间的磁盘读取写入速度趋势。

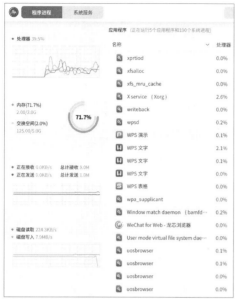

图 10-2

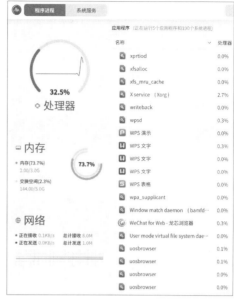

图 10-3

10.3　程序进程管理

在系统监视器中可以进行切换进程标签、调整进程排序、结束进程、暂停和恢复进程等操作。

1. 切换进程标签

进入系统监视器后默认显示所有进程。单击界面右上角的图标可以切换进程标签，查看应用程序进程和我的进程。

在系统监视器界面，单击⊡切换到应用程序进程界面，如图 10-4 所示。

图 10-4

单击 ⚋ 切换到我的进程界面，如图 10-5 所示。

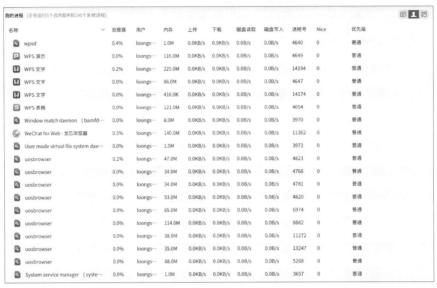

图 10-5

2. 调整进程排序

进程列表显示软件的处理器、用户、内存、上传、下载、磁盘读取、磁盘写入、进程号、Nice 和优先级信息。

● 在系统监视器单击进程列表顶部的标签，进程会按照对应的标签排序，双击可以按升序或降序调整所有进程。

● 在系统监视器界面右键单击进程列表顶部的标签栏，可以取消勾选标签来隐藏对应的标签列，再次勾选可以恢复显示，如图 10-6 所示。

图 10-6

3. 结束进程

系统监视器可以结束系统和应用进程。在系统监视器界面上，右键单击需要结束的进程，在弹出的菜单中选择"结束进程",如图 10-7 所示。

在弹出的"结束进程"对话框中单击"结束",确认结束该进程,如图 10-8 所示。

图 10-7

图 10-8

4．强制结束应用程序

系统监视器可以强制结束应用程序,在系统监视器界面,单击"主菜单" ，选择"强制结束应用程序",如图 10-9 所示。

> **说明:**
> 强制结束应用程序只能用来关闭图形化进程。

根据屏幕提示在桌面上单击想要关闭的应用窗口,以关闭控制中心为例,如图 10-10 所示。

图 10-9

图 10-10

在弹出的"结束进程"对话框中单击"强制结束"，确认结束该应用，如图 10-11 所示。

5. 暂停和恢复进程

系统监视器可以暂停和恢复进程，具体操作如下。

图 10-11

在系统监视器界面上，右键单击一个进程，在弹出的菜单中选择"暂停进程"，被暂停的进程会带有暂停标签并变成红色。

再次右键单击被暂停的进程，选择"恢复进程"可以恢复该进程。

6. 改变进程优先级

在系统监视器中可以改变进程的优先级，优先级决定进程何时运行和接收多少 CPU 时间。

在系统监视器界面上，右键单击一个进程，选择"改变优先级"，选择对应优先级级别即可改变进程优先级，如图 10-12 所示。

图 10-12

7. 查看进程路径

通过系统监视器可以查看进程路径，打开进程所在目录。

在系统监视器界面上，右键单击一个进程，选择"查看命令所在位置"，可以在文件管理器中打开该进程的所在目录，以龙芯浏览器为例，如图 10-13 所示。

图 10-13

图 10-13（续）

8. 查看进程属性

在系统监视器中可以查看进程属性。在系统监视器界面上，右键单击一个进程，选择"属性"，可以查看进程的进程名、命令行和启动时间，以龙芯浏览器为例，如图 10-14 所示。

图 10-14

第11章

系统配置和管理

统信 UOS 是一个多用户、多任务的操作系统，具有很好的稳定性与安全性，在幕后保障统信 UOS 系统安全的则是一系列复杂的配置工作。本章主要讲解统信 UOS 中用户管理、系统服务管理、安全管理和系统更新管理。

11.1 用户管理

在电脑上安装统信 UOS 时，用户都会创建一个账户。这个账户就是管理员账户，能够管理系统的各项功能，如添加 / 删除用户、启动 / 关闭服务进程、开启 / 禁用硬件设备、安装 / 删除系统程序等。后续添加的所有账户都为普通用户，只具备普通用户权限，也可通过设置将普通用户权限升级为管理员权限。

统信 UOS 通过将文件的读、写、执行三种权限和文件的所有者、所有者组结合起来，保证每个用户只能使用自己有权限的文件。普通用户不会破坏其他账户的文件和环境；而管理员可以进行所有特权操作，也可以使用其他用户的文件，因此使用管理员权限时需要慎重。

账户可以实现自动登录和无密码登录等操作，帮助用户更方便地管理和使用电脑。创建普通账户以及修改账户名称、头像等具体操作详见 4.5.1 小节。

统信 UOS 中创建的每个用户都有一个用户组，一个用户可以在多个用户组内，系统可以对一个用户组中的所有用户进行集中管理。用户管理提供对用户信息的管理，包括用户注册、登录、权限管理、信息修改和删除。使用用户管理时可以将多个用户加入一个用户组，并对这些用户进行批量授权。用户组管理支持创建、编辑、删除用户组以及维护用户组成员。

11.2 Systemctl 系统服务管理

Systemctl 是一个 Systemd 工具，主要负责控制 Systemd 系统和服务管理器。而 Systemd 是一个系统管理守护进程、工具和库的集合，用于集中管理和配置系统。

电脑开机时通过 Systemd 从后台启动系统服务和日志，通过日志记录用户在使用电脑过程中的操作，通过系统服务为用户提供更好的使用体验，本节将对系统服务管理和日志管理进行详细讲解。

11.2.1 系统服务管理

系统服务 (System Services) 是一种应用类型，它在后台运行，主要作用是管理本地的应用和服务。与用户运行的应用相比，系统服务中不会出现应用窗口或对话框，只有在系统监视器中才能看到。

在启动器中可以找到系统监视器 ◉，单击即可打开，选择"系统服务"进入系统服务界面，如图 11-1 所示。

系统服务界面上的系统服务进程可以执行启动、停止、重新启动和刷新操作。

启动系统服务的具体操作步骤如下。

01. 在系统服务界面上选中某个未启动的系统进程，右键单击该进程，选择"启动"，如图 11-1 所示。如果弹出授权窗口，则需要输入密码授权。

02. 再次在该进程上单击鼠标右键，选择"刷新"，系统服务的活动会变为"已启用"，如图 11-2 所示。

图 11-1

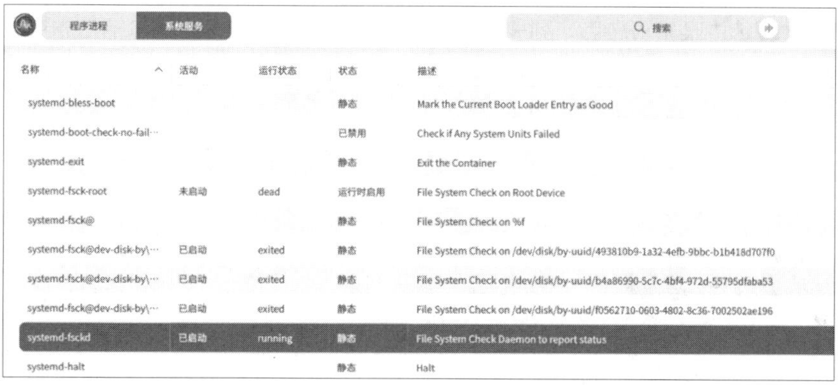

图 11-2

类似地，在进程上单击鼠标右键还可以完成"停止"系统服务和"重新启动"系统服务的操作。

> **提示：**
> 为了系统更好运行，最好不要结束系统服务自身的进程以及根进程。

11.2.2 日志管理

统信 UOS 通过日志收集工具 ![icon] 进行日志管理。日志收集工具通常会把操作系统和应用在启动、运行等过程中的相关信息写入对应的系统日志中，如下载、安装、运行应用等操作。一旦应用出现问题，用户就可以通过查看日志来迅速定位，及时排除故障，所以学会查看日志非常重要。

在启动器中找到日志收集工具后，单击即可打开。通过日志收集工具可以查看系统日志、内核日志、启动日志、dpkg 日志、Xorg 日志和应用日志。

日志收集工具自带筛选器，包括周期、级别、状态、应用列表。不同类型的日志适用的筛选器也不同，详细介绍如表 11-1 所示。

表 11-1

筛选器	说明	适用类型
周期	按照日志的生成时间顺序进行筛选的方式，选项包括全部、今天、近三天、近一周、近一个月、近三个月，默认选项为全部	系统日志、内核日志、dpkg 日志、应用日志
级别	按照事件的级别高低进行筛选的方式，选项包括全部、紧急、严重警告、严重、错误、警告、注意、信息、调试，默认选项为信息	系统日志、应用日志
状态	选项包括全部、OK、Failed，默认选项为全部	启动日志
应用列表	对应用程序的日志文件进行筛选，默认选项为第一个日志文件	应用日志

打开日志搜集工具后默认界面显示为系统日志，界面显示系统日志列表，显示字段为级别、进程、时间和信息。选中某条日志后，列表下方会显示该日志的详细信息，包括日志进程、主机名、进程号、级别、时间和详细信息。用户可以根据实际情况在"周期"和"级别"筛选器下选择不同时间和不同级别的日志进行查看，如图 11-3 所示。

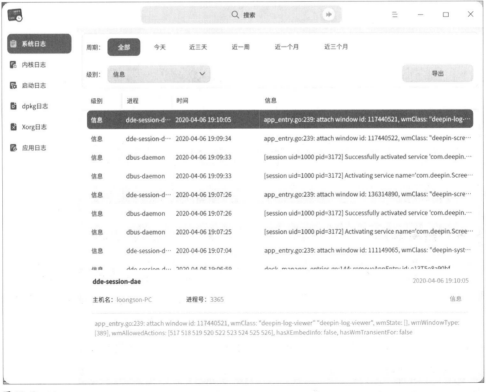

图 11-3

　　在日志收集工具界面单击"内核日志"，进入内核日志界面，与查看系统日志类似，选中日志后即可查看该日志的详细信息，如图 11-4 所示。

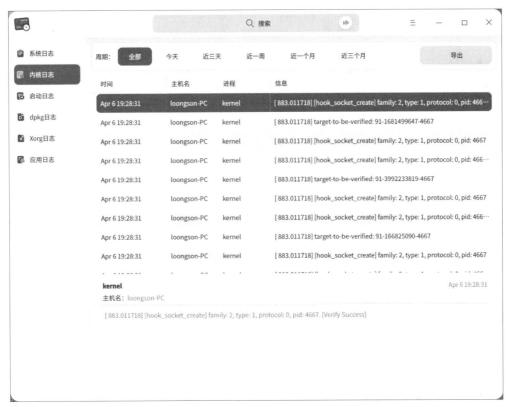

图 11-4

提示：
　　在查看日志的过程中，如果弹出"需要身份验证才能以超级用户身份运行"对话框，输入密码即可继续查看。

　　类似地，单击"启动日志""dpkg 日志""Xorg 日志"，即可分别进入启动日志、dpkg 日志或 Xorg 日志界面。与查看系统日志类似，选中日志后即可查看该日志的详细信息。

　　单击"应用日志"，进入应用日志界面，用户可以根据不同情况在"级别"筛选器下选择想要查看的消息级别或选择查看所有消息级别。在"应用列表"筛选器下选择想要查看的应用，即可查看该应用日志的详细信息。查看字体管理器信息级别的日志如图 11-5 所示。

　　用户可以将当前日志导出为文件进行保存，支持导出的文件格式包括 TXT、DOC、XLS 和 HTML。以导出系统日志为例，在系统日志界面上，单击"导出"按钮，在弹出的对话框中编辑文件名，选择想保存的格式，单击"保存"按钮即可，如图 11-6 所示。

图 11-5

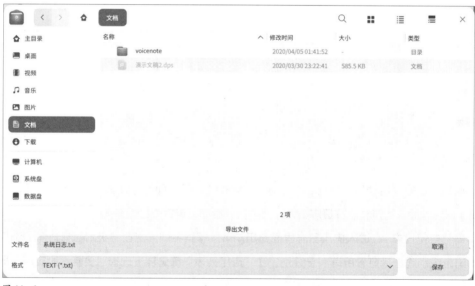

图 11-6

11.3 安全管理

安全中心是统信 UOS 预装的安全辅助应用，使用安全中心可控制应用和服务联网状态、管理应用自启动状态以及辅助提高账户和屏幕安全。

在启动器中可以找到安全中心 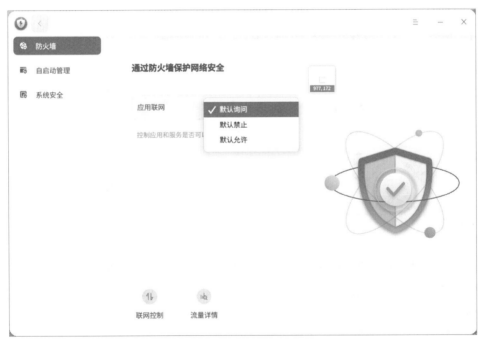，单击即可运行。安全中心主要分为三个部分：防火墙、自启动管理和系统安全。下面分别对这三个部分进行详细讲解。

11.3.1　防火墙

统信 UOS 通过安全中心的防火墙来提高网络安全。在安全中心的防火墙界面，用户可以对应用和服务的联网状态进行设置、设置指定应用的联网状态以及查看应用流量使用详情。

1. 应用联网

应用联网可以控制联网控制中每个应用和服务默认状态下的联网设置，展开下拉框后有三个选项，如图 11-7 所示，详细说明如下。

● 默认询问：该状态下应用每次联网的时候，都会弹出该应用需要连接网络提示框，用户可选择仅允许本次、始终允许或禁止。选择"始终允许"将修改该应用的联网控制状态为"默认允许"，以后应用将自动联网，不再弹出提示。

● 默认禁止：该状态下，应用每次联网的时候会提示防火墙已禁止该应用连接网络，用户可以选择"前往设置"或"确定"。

● 默认允许：该状态下应用每次联网的时候，默认可以联网，不会弹出提示。

图 11-7

2. 联网控制

联网控制可以设置和查看启动器中所有应用的联网状态。单击"联网控制"按钮，弹出"联网控制"对话框，单击应用后的状态，可以设置应用联网状态为询问、允许、禁止和默认（询问 / 禁止 /

允许），如图 11-8 所示。

> **提示：**
> 　　联网控制的顺序可以改变，单击名称后的 ∧ 即可切换应用为升序或降序。升序为默认（询问／禁止／允许）、允许、询问和禁止；降序为禁止、询问、允许、默认（询问／禁止／允许）。

图 11-8

3. 流量详情

单击"流量详情"按钮进入流量详情界面，可以查看当前联网状态和应用使用流量排名。

当前联网界面展示所有启动应用的下行网速、上行网速和管控。单击应用后的"管控"按钮 ⚙ 弹出"联网控制"对话框，可设置和查看当前应用联网的状态，如图 11-9 所示。

图 11-9

在流量排名界面可以查看启动器里所有应用使用的流量排名，包括下行流量、上行流量和总流量，单击"详情"还可以查看流量随时间的分布详情。这里以查看向日葵应用流量详情为例，如图 11-10 所示，在列表右上角可以切换查看当天、昨天、当月和上月应用流量的使用情况。

> **提示：**
> 　　单击标题栏的名称、下行流量、上行流量或总流量，表格即可按其进行排序。

图 11-10

11.3.2　自启动管理

在安全中心的自启动管理界面仅显示启动器中的应用，包括应用名称、自启动状态和操作按钮。在自启动管理界面可以单击操作按钮设置应用是否开机自启动，如图 11-11 所示。除此之外，用户还可以从启动器或第三方应用内部将应用设置为开机自启动。

图 11-11

11.3.3　系统安全

在系统安全界面，选择"登录安全"，进入登录安全界面。账户密码安全设置分为高、中、低共 3 个级别，不同的级别会对设置的密码有不同的限制，如表 11-2 所示。

表 11-2

等级	要求
高	密码最少 8 位，至少同时包含小写字母、大写字母、数字、符号中的 3 种
中	密码最少 6 位，至少同时包含小写字母、大写字母、数字、符号中的 2 种
低	不做任何限制

在设置或修改账户密码时若不符合级别要求会保存失败，并弹出提示框提示密码不符合设置要求，可选择"前往设置"进入安全中心修改账户密码安全等级或按照要求重新设置账户密码，提高账户安全性，如图 11-12 所示。

图 11-12

选择"屏幕安全"，在屏幕安全界面，可设置笔记本电脑在使用电源 / 使用电池状态下自动锁屏时间。单击锁屏壁纸后的"更换"按钮可设置桌面壁纸，单击屏幕保护后的"设置"按钮可设置屏保，详细操作参见 4.1.6 小节和 4.1.7 小节。单击关闭显示器后的"设置"按钮可跳转到控制中心使用电源界面，设置显示器关闭时间，详细操作参见 4.5.6 小节，如图 11-13 所示。

选择"升级策略"，在升级策略界面可以查看当前系统版本是否最新，如果不是最新版本是否选择升级，还可以开启更新提醒和自动下载更新，如图 11-14 所示。

图 11-13

图 11-14

11.4　系统更新管理

系统每隔一段时间就会推出新的版本，优化旧版本中的问题。对系统进行更新和升级可获得更好的使用体验。

如果在更新设置界面开启了"更新提醒"，当系统有更新时，在控制中心首页更新模块的右上角会出现红色圆点以进行提示，如图 11-15 所示。

> **提示：**
> 在控制中心单击"更新—更新设置"即可进入更新设置界面，在更新设置中可以设置自动清除软件包缓存、更新提醒和自动下载更新。打开"自动清除软件包缓存"开关，系统会定期清理下载软件包导致的缓存。如果不想收到系统或应用更新的提示，可在更新设置中关闭"更新提醒"。自动下载更新只有在开启自动更新后才能设置，开启后系统会自动下载更新的安装包。

单击"更新"按钮 ● 进入更新界面，系统将自动检查更新，如图 11-16 所示。

检查更新完毕后，在开启"自动下载更新"的情况下，系统会在联网时自动下载安装包，界面上会显示"检测到有新系统版本已下载"，单击"安装更新"按钮即可安装更新，如图 11-17 所示。

图 11-15

图 11-16

图 11-17

提示：

1. 更新完成后，系统会弹出对话框提醒用户"重启"或"关机"。

2. 如果应用有更新，在系统检测更新后界面上会显示有多少个应用需要更新，应用更新的操作步骤与系统更新一致。

第 **12** 章

统信 UOS 安装

本章以在虚拟系统管理器中安装统信桌面操作系统（统信 UOS）为例讲解统信 UOS 的安装过程。在安装前还需要了解安装统信 UOS 的电脑配置要求，安装前需要做什么样的准备，以及完成安装后需要做什么样的配置。

主要内容

系统安装配置要求

系统安装准备

系统安装过程

初始化设置

12.1 系统安装配置要求

安装前需要确保电脑符合表 12-1 所示的配置要求，如果低于以下配置要求可能无法完美地体验统信 UOS。

表 12-1

硬件名称	配置要求
处理器	2.0GHz 多核或更快的处理器
主内存	4GB 或更高的物理内存
硬盘空间	至少需要 64GB 可用磁盘空间或更多的磁盘空间
显卡	1024×768 屏幕分辨率（推荐 1024×768 或更高的屏幕分辨率）
声卡	支持大部分现代声卡

提示：
从 CD/DVD 驱动器、USB 或网络引导安装 UOS 需要自行配置预启动执行环境。

12.2 系统安装准备

安装统信 UOS 前需要先准备一个不小于 8GB 的 U 盘或一张光盘和光驱来制作启动盘。这里以 U 盘为例，在统信 UOS 官方网站下载镜像文件，使用启动盘制作工具▓制作启动 U 盘。U 盘启动是从 U 盘启动一些备份还原、PE 操作系统（一种装系统的系统）等应用的技术。现在大部分电脑都支持 U 盘启动。U 盘启动在系统崩溃和快速安装系统时能起到很大的作用。

启动盘制作工具是统信 UOS 自带的一款系统启动盘制作工具，界面简洁、操作简单，它可以快速地制作启动 U 盘，操作步骤介绍如下。

01. 将 U 盘插入电脑的 USB 接口。

02. 在启动器中打开启动盘制作工具，单击"请选择光盘镜像文件"，在弹出的对话框中选择镜像文件，或直接将光盘镜像文件拖曳到启动盘制作工具的界面上，如图 12-1 所示。

03. 选择插入的 U 盘，单击"开始制作"按钮，即可制作启动 U 盘，如图 12-2 所示。

提示：
1. 制作启动盘前需要提前备份 U 盘中的数据，制作时可能会清除 U 盘中的所有数据。
2. 制作启动盘时建议勾选"格式化磁盘可提高制作成功率"或制作 U 盘启动盘前将 U 盘格式化为 FAT32 格式，以提高系统识别率。
3. 部分 U 盘实际上是移动硬盘，因此无法识别，需要更换为正规 U 盘。
4. U 盘容量不得小于 8GB，否则无法成功制作启动盘。
5. 在制作启动盘过程中，不要移除 U 盘，以防数据损坏或者丢失。

图 12-1

图 12-2

12.3 系统安装过程

本节以插入 U 盘安装统信 UOS 为例介绍安装过程。

01.　在电脑上插入 U 盘。

02.　开启电脑，按启动快捷键（如 F2）进入 BIOS 界面，将 U 盘设置为第一启动项并保存设置（不同主板设置的方式不同）。

> **提示：**
> 　　不同类型的电脑，启动快捷键也不同，用户可根据具体情况进行操作。常见电脑类型及快捷键如表 12-2 所示。

表 12-2

电脑类型	快捷键
一般台式机	Delete 键
一般笔记本电脑	F2 键
惠普笔记本电脑	F10 键
联想笔记本电脑	F12 键
苹果笔记本电脑	C 键

03.　重启电脑，选择从 U 盘引导进入 Boot Menu List（启动菜单）界面，在 Boot Menu List 界面中系统默认选中 "Install UOS 20 desktop USB"，如图 12-3 所示。

04.　倒计时 5 秒后在界面上可选择安装器语言，安装器会根据选择语言的不同而显示不同语言，默认选择的语言为 "简体中文"。

05.　选择安装器语言后进入请选择语言界面，选择需要安装的系统语言，这里以选择简体中文为例，勾选下方的用户许

图 12-3

可协议，单击"下一步"按钮。

> **提示：**
>
> 在系统安装前，界面右上角都会显示"关闭"按钮。如果用户需要退出安装器，可以随时终止系统安装，该操作不会对当前磁盘和系统产生任何影响。

06. 进入选择安装位置界面，可选择手动安装或全盘安装来对一块或多块硬盘进行分区和系统安装。这里以选择"全盘安装"为例，当程序检测到当前设备只有一块硬盘时，硬盘会居中显示，选中硬盘后单击"开始安装"按钮，系统将使用默认的分区方案对该磁盘进行分区，如图 12-4 所示。

> **提示：**
>
> 多硬盘进行全盘安装时，选中系统盘后，数据盘界面会显示除系统盘之外的所有硬盘。

07. 进入准备安装界面，在准备安装界面会显示分区信息。确认相关信息后，单击"继续"按钮，如图 12-5 所示。

图 12-4

图 12-5

08. 进入正在安装界面，系统将自动安装直至安装完成。在安装过程中，界面会展示当前安装进度以及系统的新功能和新特色介绍，如图 12-6 所示。

09. 安装成功后，单击"立即体验"按钮，电脑会自动重启，如图 12-7 所示。

图 12-6

图 12-7

12.4　初始化设置

安装成功后，用户需要对系统进行初始化设置，包括选择时区和创建用户。

01. 系统安装成功后，首次启动会进入选择时区界面，可通过地图或列表的方式选择时区。地图模式下用户可在地图上单击选择自己所在的国家和城市，如在地图上单击选中中国上海。如果单击区域有

多个国家或地区，界面上会以列表弹窗的形式显示多个城市，用户可以在弹窗中单击选择所在城市。列表模式下用户可以先选择所在的区域再选择自己所在的城市，如先选择"亚洲"再选择"上海"。设置好时区后单击"下一步"按钮。

02. 完成时区设置后会进入创建用户界面，在创建用户界面可以设置用户头像、用户名、计算机名和用户密码，设置完成后，单击"下一步"按钮，如图 12-8 所示。

图 12-8

03. 进入优化系统配置界面，如图 12-9 所示。

04. 系统自动优化配置完成后，在弹出的界面中输入正确的密码，单击 → 即可直接进入系统桌面体验统信 UOS，如图 12-10 所示。

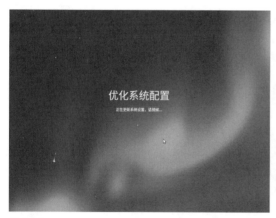

图 12-9

图 12-10

附录　疑难解答

主要内容

更新系统至最新版本

系统激活

如何寻求帮助

A.1 更新系统至最新版本

如果系统在使用过程中出现问题可通过系统自带的服务与支持软件向统信 UOS 进行报错（详细操作参见附录 A.3 节），统信 UOS 核实后会立刻进行修复，这个过程叫作"打补丁"。打好补丁后用户可在控制中心检测到系统存在更新，将系统更新到最新版本即可修复系统。

A.2 系统激活

安装系统后需要使用授权管理工具激活系统，这样才能使用系统中的全部功能，同时系统也会更加稳定。授权管理 Ⓤ 是系统预装的工具，可以查看系统激活状态，激活系统。

1. 激活方式

安装后的系统为未激活状态，在该状态下，授权管理图标 Ⓤ 在开机后会一直显示在右下角的托盘中。单击该图标或在控制中心单击"系统信息—关于本机"，在版本授权栏单击"激活"按钮进入授权管理界面，在授权管理界面中可以查看未激活的详细信息。用户可根据需求选择试用期激活、输入激活码激活和导入激活文件激活。

① 在线激活

在线激活的前提是系统网络连接正常，用户可进行试用期激活、输入激活码激活和导入激活文件来激活系统。激活码和激活文件可通过统信 UOS 官网获取。

试用期激活

每台设备仅有一次试用期激活的机会，从激活当天算起，有效期为 90 天。在试用期间用户可使用系统的全部功能。

在授权管理界面单击"试用期激活"按钮，进入激活界面，单击"立即激活"按钮，在弹出确认提示框中单击"确定"按钮即可完成试用期激活，同时任务栏授权管理图标也由红色变为橙色，如图 A-1 所示。此时在授权管理界面可查看产品版本、到期时间等信息，还可以选择输入激活码或导入激活文件永久激活系统。

输入激活码

如果有激活码可以通过输入激活码激活系统。在授权管理界面，

图 A-1

单击"输入激活码"按钮，在输入激活码界面中输入或粘贴激活码，单击"立即激活"按钮，如图 A-2 所示。在弹出的确认提示框中单击"确定"按钮，进入激活成功界面。

导入激活文件

如果有激活文件可以通过导入激活文件来激活系统。在授权管理界面，单击"导入激活文件"按钮，在导入激活文件界面单击 ▦，在弹出的对话框中选择 .key 格式的激活文件，单击"立即激活"按钮，如图 A-3 所示。在弹出的确认提示框中单击"确定"按钮，进入激活成功界面。

图 A-2

图 A-3

② 离线激活

选择输入序列号或导入授权文件激活时，如果系统检测网络连接异常，授权管理会进入离线激活界面。离线激活界面显示二维码、激活码、机器 ID 及离线激活码输入框，如图 A-4 所示，离线激活的详细操作介绍如下。

01. 使用手机扫描二维码后进入扫码激活界面，界面显示当前机器 ID 及激活码，单击"立即激活"按钮，如图 A-5 所示。

图 A-4

图 A-5

02. 弹出确认提示框，单击"确定"按钮，进入激活成功界面，显示机器 ID、激活码和离线激活码，如图 A-6 所示。

03. 将手机端的离线激活码输入电脑端的离线激活码输入框（见图 A-4），单击"离线激活"按钮，进入激活成功界面。

2．激活成功

系统激活成功后，任务栏右侧的托盘将不再显示授权管理图标，用户可通过控制中心查看授权管理工具。

激活成功界面显示产品名称、产品版本、授权状态、激活方式，如图 A-7 所示。

图 A-6

图 A-7

A.3 如何寻求帮助

1. 帮助手册

用户在使用电脑的过程中，如果操作遇到问题或不会使用电脑中的某个软件，可以在系统预装的帮助手册 中寻找解决办法。在帮助手册顶部的搜索框中可通过搜索操作或软件名称快速找到相关内容。

2. 服务与支持

如果通过帮助手册无法找到解决办法，还可在启动器中找到系统预装的服务与支持 ，联系统信 UOS 服务与支持团队协助解决问题。服务与支持是统信 UOS 预装的一款应用，旨在为用户提供多种渠道的服务与技术支持，便于用户快速寻求帮助以及反馈问题。服务与支持应用支持留言咨询、在线客服、联系我们和自助支持等 4 种解决问题的方式，用户可根据具体情况选择不同方式，具体介绍如下。

打开服务与支持后，单击"留言咨询"，进入留言咨询界面，如图 A-8 所示。在界面中可选择咨询类别，输入要咨询的标题和内容，上传附件和日志，输入邮箱。单击"重置"按钮可清除界面上输入的内容，单击"提交"按钮即可提交留言。提交留言后统信 UOS 服务与支持团队将通过邮箱来反馈问题处理进度和结果。

单击"在线客服"，可与在线客服进行沟通；单击 可在弹出的对话框中选择要发送的截图、视频等附件；单击"查看更多历史消息"可查看与在线客服沟通的历史记录，如图 A-9 所示。

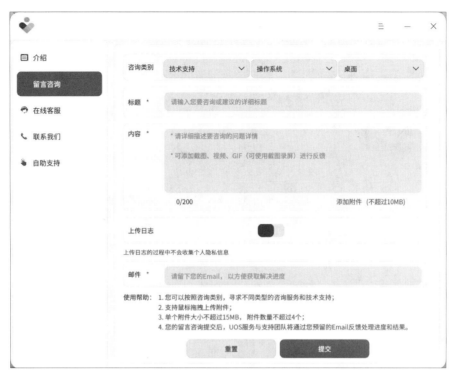

图 A-8

图 A-9

单击"联系我们",可选择需要咨询的类别,界面下方将显示相匹配的服务与支持团队的联系方式。用户可通过电话、邮件或企业微信号的方式与统信 UOS 服务与支持团队进行一对一的咨询,如图 A-10 所示。

图 A-10

单击"自助支持"，在自助支持界面中可直接前往官网的文档中心、FAQ 内容或帮助手册查看相关文档，寻找解决办法，如图 A-11 所示。

图 A-11